地质灾害与治理技术

胡茂焱　刘大军　郑秀华　编著

中国地质大学出版社

内 容 提 要

本书主要介绍了我国地质灾害类型、分布及主要危害性。本书从地质工程设计、施工技术理论出发，归纳总结了我国泥石流、滑坡等地质灾害的治理技术的基本方法，以及部分地质灾害治理工程范例。

本书可供从事水利、铁道、公路、建筑以及地质工程等行业的工程技术人员及大专院校有关师生参考。

图书在版编目(CIP)数据

地质灾害与治理技术/胡茂焱、刘大军、郑秀华编著.—武汉：中国地质大学出版社，2002.8
(2020.12 重印)
ISBN 978-7-5625-1706-1

Ⅰ.地…
Ⅱ.①胡…②刘…③郑…
Ⅲ.地质灾害—灾害防治—研究
Ⅳ.P694

中国版本图书馆CIP数据核字(2009)第169334号

地质灾害与治理技术		胡茂焱　刘大军　郑秀华　编著
责任编辑：高勇群	责任校对：张咏梅	技术编辑：阮一飞
出版发行：中国地质大学出版社(武汉市洪山区鲁磨路31号)		邮编：430074
电话：(027) 67883511	传真：67883580	E-mail：cbo @ cug. edu. cn
经　销：全国新华书店		
开本：787 mm×1092 mm 1/16		字数：180千字　印张：6.875
版次：2002年8月第1版		印次：2020年12月第5次印刷
印刷：荆州市鸿盛印务有限公司		印数：5 001—6 000 册
ISBN 978-7-5625-1706-1		定价：20.00 元

前　言

资源与环境是人类社会发展的两大主题，是制约经济社会可持续发展的关键因素。环境问题已成为世界性问题。

1972 年斯德哥尔摩世界环境大会以后，资源、环境与生态协调发展已成为人类社会普遍关注的迫切问题，引起世界各国政府的高度重视。为协调国际间的工作，1992 年联合国在巴西召开了环境与发展会议，通过了“21 世纪议程”。中国政府积极响应，在充分分析中国国情的基础上，制定了“中国 21 世纪议程”，并将可持续发展作为我国经济社会发展的战略。在 2002 年中央人口资源环境座谈会上，江泽民同志强调，为了实现我国经济和社会的可持续发展，为了中华民族的子孙后代始终拥有生存和发展的良好条件，我们一定要按照可持续发展的要求，正确处理经济发展同人口资源环境的关系，促进人和自然的协调与和谐，努力开创生产发展、生活富裕、生态良好的文明发展道路。在谈到国土资源工作时，江泽民同志指出，国土资源工作，要以提高可持续发展的保障能力为目标，全面加强资源调查、规划和管理，不断提高对资源的保护与合理利用水平；高度重视国土资源规划编制工作，做到科学规划，严格实施；全面加强地质灾害的监测预防，继续做好三峡库区等重点地区地质灾害防治工作。灾害问题已引起党中央、国务院的高度重视。

自然灾害是影响人类社会发展的一个重要因素。自然灾害给人类社会造成的影响越来越严重、越来越深远。减灾不仅是一个重要的自然科学问题，也是一个极其重要的社会科学问题。自然灾害给人类社会造成的损失将随着社会经济的发展，越来越严重。我国在 20 世纪 50 年代自然灾害造成的直接经济损失是每年 400 亿元左右，到 20 世纪 90 年代自然灾害造成的经济损失高达 1 000 亿元以上。自然灾害严重危害人民的生活，破坏社会稳定。

地质灾害是一种常见的自然灾害。随着社会对自然资源的过度开发利用，地质灾害越来越普遍，成为自然灾害中给人类社会造成重大影响的一种灾害。党中央、国务院十分重视地质灾害的防治工作，将地质灾害防治作为各级国土资源部门的一项重要政府职能。有的省市将地质灾害的调查评介作为城镇规划、基础设施建设的重要依据。治理地质灾害、减轻地质灾害给人民生命财产造成的损失已成为社会的共识。为了治理三峡库区地质灾害，保证 2003 年第一批机组顺利正常发电，国务院专门拿出 40 亿元资金治理三峡地区的地质灾害问题。充分说明地质灾害对工程建设的巨大影响。

目前，国内外治理地质灾害的方法日益增多，手段日益先进，装备日益精良。地质灾害治理技术已成为地质工程学科的一个重要领域，形成了一个欣欣向荣的产业。除人为不可抗拒的地质灾害不易预测和防治外，大部分地质灾害是可以随着科学技术的不断发展而得到有效治理的。治理地质灾害需要工程地质、钻掘工程、材料力学、结构设计等诸多学科的知识，是一个实践性很强的科学技术。我国是一个地质灾害十分严重的国家，防治地质灾害需要大量资金，并要求社会广泛参与。由于我国经济还比较落后，每年用于地质灾害防治的资金十分有限，只能保证一些重点地区、重大工程项目的地质灾害治理工作。因此，许多地质灾害还在不断威胁人民的生命财产安全，严重制约经济社会的可持续发展。

为了有效治理地质灾害，提高工程的质量，广大地质工作者不断探索，总结了许多适合中国地质灾害特点的治理技术方法，取得了一些成功的典范。长江三峡黄腊石的地质灾害治理，融合了许多学科的先进技术，使锚固支护技术成功地在自然灾害领域得到应用。

笔者在总结我国地质灾害治理技术的基础上，运用地质工程技术理论，归纳分析总结了目前我国地质灾害治理技术现状和应用前景。编写本书主要是为广大工程技术人员提供参考，对提高我国地质灾害治理技术、减轻灾害对人民生命财产和社会经济发展的负面影响，尽我们的微薄之力。希望本书的出版能对地质灾害治理技术的发展起到一定的促进作用。

本书各章作者依次是：前言、第一章、第七章及附录由胡茂焱编写；第三章、第四章及第六章由刘长军编写；第二章和第四章由郑秀华编写。最后由胡茂焱进行统稿。由于水平有限，书中一定还存在不少谬误疏漏之处，敬请各位读者批评指正。

目　　录

第一章 我国地质灾害的基本概况

§1.1 概 况

我国是世界上地质灾害特别严重的国家之一，地质灾害种类多，频度高，强度大，连续性强，分布面积广，危害程度大。20世纪90年代以来，每年的气象、海洋、洪涝、地震、地质、农业、林业七大类灾害中，造成的直接经济损失平均每年1 000亿元，约占国民经济总产值的3%～6%。已有资料表明，较严重的地质灾害有七大类近30种，全国1/2以上国土和2/3以上城市明显受到不同地质灾害的威胁。仅云南、北京、四川、辽宁、甘肃5个省(区)的崩塌、滑坡、泥石流就达41万多处，年均死亡人数928人；有16个省(区)发生地面沉降46处，沉降面积近5万km^2；有17个省(区)出现地裂缝；在24个省(区)发生岩溶塌陷2 841处，塌坑33 192处，塌陷面积332.28km^2。西南西北山区频发的崩塌、滑坡、泥石流等突发性地质灾害严重影响交通干线的修建与运营；东部沿海和平原区的地面沉降、海水入侵等灾害严重危害城市和工程建设；西北地区的沙漠化、石漠化和水土流失等缓变性地质灾害不仅使生态环境日趋恶化，而且使国土质量下降。据统计，20世纪50—70年代，全国沙漠化土地每年以1 560km^2的速度扩展，80年代，沙漠化土地平均每年扩展2 100km^2。广泛发育的地质灾害造成了巨大的直接经济损失，经初步评估，由崩塌、滑坡、泥石流、地面塌陷等地质灾害造成现有设施的毁坏和损坏等折合人民币55亿元/a；由土地沙化、水土流失和煤层自燃造成的环境恶化、自然资源的损失折合人民币156亿元/a，海水入侵直接经济损失为8亿元/a。全国每年因各种地质灾害造成的直接经济损失达274亿元。各种地质灾害除破坏环境、资源，直接威胁人民生命财产安全，还危害城市、交通和工程建设，影响社会稳定，对国民经济持续发展构成严重威胁。

近年来，我国在地质灾害防治方面虽然做了大量工作，也取得了成效。但由于我国地质灾害种类多，分布广，不同地质灾害分布、孕育、发展、发生成灾的规律还不清楚，人类不合理的经济工程活动引起的地质灾害还不断发生。为了保证国民经济建设和社会发展目标的实现，保护人民生命财产安全，保护国土，维持社会稳定和最大限度地降低地质灾害造成的经济损失，部署全国地质灾害调查预警工程不仅十分必要，而且会产生显著的社会和经济效益。

中国是世界上受地质灾害危害最为严重的国家之一。近年来地质灾害频繁发生，平均每年死于地质灾害的人数达千人以上，超过了洪涝灾害死亡人数；平均每年因地质灾害造成的经济损失高达270亿元，占全部自然灾害损失的1/4。加强地质灾害防治，已成为关系国家经济建设和人民生命安全的大事。

作为地质灾害的主要灾种，崩塌、滑坡和泥石流(以下简称崩滑流)具有突发性强、分布范围广和一定的隐蔽性的特点，每年都造成巨大的经济损失和人员伤亡，是国民经济建设及社会发展的严重制约因素。

据统计，中国共发育特大型崩塌51处、滑坡140处、泥石流149处；较大型崩塌2 984处以上、滑坡2 212处以上、泥石流2 277处以上；仅据云南、辽宁、北京、河北、四川、甘肃6省

(市)的初步统计,虽无确切记载但仍有迹可辨(多指遥感解译)的中小型崩滑流灾害点就达41万处之多。

§1.2 地质灾害的危害

地质灾害的主要危害是造成人员伤亡和摧毁城乡建筑、堵塞交通道路、毁坏工厂矿山、水利工程和农田,给人民生命财产和社会经济建设造成巨大的损失。

1. 人员伤亡情况

近10年来,全国由于崩滑流造成的人员死亡已近万人,平均每年达928.15人,在崩、滑、流三者之中以泥石流造成的人员伤亡为最多,如辽宁复县(现为瓦房店市)、盖县、新金县(现为普兰店市)交界地带,1981年7月27～28日爆发泥石流,16.36万人受灾,造成664人死亡,5 058人受伤。初步估计由泥石流造成人员伤亡要占崩滑流三者总数的一半左右。滑坡造成的人员伤亡仅次于泥石流,一些规模巨大的滑坡常摧毁压埋整个或多个村庄、城市地区的多栋建筑,如1991年9月23日发生于云南省昭通市头寨沟的滑坡,总方量1 800万m^3,造成216人死亡。又如1989年四川华蓥山溪口镇的滑坡型泥石流造成221人死亡。由滑坡致死的人数约占崩滑流三者死亡总人数的1/3强。由于崩塌一般规模较小,破坏面积不大,所造成的人员伤亡较少。

2. 摧毁城乡建筑、交通干线和工厂矿山

崩滑流的频繁发生,摧毁了大量的城乡建筑设施、耕地、工厂和交通干线。据初步统计,全国有400多个市、县、区、镇受到崩滑流的严重侵害,其中频受滑坡、崩塌侵扰的市、镇60余座,频受泥石流侵扰的市、镇50余座,有些市、镇甚至受到3种灾害的共同侵扰,给当地人民生命财产造成了极大的损失,严重阻碍了当地的经济和社会发展。较为典型的有重庆(市区内有滑坡129处、崩塌58处)、攀枝花(市区内有滑坡50余处)、兰州(市区内有泥石流沟55条,至少造成了322人死亡和数千万元经济损失)、东川(泥石流)、安宁河谷(泥石流)等。全国几条山区干线铁路,如宝成线、成昆线、宝兰线都受到了崩滑流的严重危害,如宝成铁路从20世纪50年代末至今,已出现了50年代末、80年代初(81年)两次大规模崩滑流,不仅摧毁铁路、列车,造成运输中断,给铁路部门造成严重的经济损失(仅1981年用于宝成线铁路修复的资金就达3亿元以上),而且因停运给川陕两省乃至全国所造成的经济损失就更无法统计;1992年5、6月间宝成线桑树梁处又连续发生大规模滑塌,累计中断行车28天,直接经济损失达数千万元。据统计,铁路沿线约有泥石流沟1 386条,威胁着3 000km长铁路的安全,1949年以来,沿线共发生泥石流1 200多次,平均每年用于铁路修复和改建的费用就高达数千万元。建国以来,由于“大跃进”和“文化大革命”引发的两次大规模砍伐,我国森林面积不断减少,植被不断破坏,尤其是80年代以来人类活动的加剧,加之森林植被还没有根本性恢复和好转,所以崩滑流发育强度越来越大,如辽东地区的泥石流建国前仅爆发1次,而六七十年代就爆发2次,特别是80年代爆发了6次,而且强度越来越大,死亡人数越来越多,经济损失也越来越重。可以预计,由于森林、植被很难在短期得到恢复,而人类工程扰动又越来越强,减灾防灾意识还很难在短期内提高,所以崩滑流的发育规模和危害还都将增大。东部地区在近期内(一二十年)由崩滑流所造成的经济损失还将继续增长,人员伤亡也会有一定增加,到中远期(20年后),随着国民经济发展,国民减灾防灾意识的增强和投入的增加,崩滑流及其危害将基本稳定并逐步减轻;而中西部地区在近期内(5年)国民经济发展不及东部,所以崩滑流及其危害将在目前的水平上缓慢增加,之后随着人类工程活动的加剧和国民经济密度的增加,由崩滑流造成的经济损失将有较大幅度的增长。初步统计,全国目前尚有潜在的对国民经济和人民生命财产构成直接威胁的大型崩滑流灾害点达100处以上,如黑龙江省牡丹江市的温春岭滑坡、大连南山滑坡、安徽巢湖市的维尼纶厂滑坡、长江三峡的链子崖危岩体和黄腊石坡等,应加强防治工作。

全国各省市都存在地质灾害。地质灾害损失较大的地区有山东、四川、云南、陕西、湖北、内蒙、甘肃、青海、宁夏、辽宁、广东和贵州。主要产生的地质灾害的类型有:滑坡、崩塌及地面塌陷等。以长江三峡地区为例,由于地质构造复杂,新构造运动及长江侵蚀下切作用强烈,以及暴雨多等自然和人类工程活动的影响,崩塌、滑坡频发,是我国地质灾害多发地区之一。据历史记载,近2 000年以来,因崩滑发生堵江断航事件就达7处9次之多。其中,1026年和1524年秭归新滩两次崩塌堵江,曾分别中断长江航运25年和8年之久。20世纪80年代以来,崩滑灾害仍十分频繁。1982年7月17日云阳鸡扒子滑坡入江,碍航40余天,疏通航道及整治滑坡耗资数千万元;1985年6月12日新滩再次滑入长江,淹没了有900年历史的新滩古镇,虽预报成功,无一人伤亡,但亦造成了巨大的经济损失。据调查,近年来巴东黄腊石滑坡和西陵峡中的链子崖危岩体出现险情,有成灾的可能。总之,长江三峡地区的崩塌、滑坡给长江航运和两岸城镇居民造成了重大损失和严重威胁。我国地质工作者对长江三峡地区的地质研究,已有30多年的历史,但对崩塌、滑坡的专门性勘察研究则是从1982年云阳鸡扒子滑坡开始的。特别是1985—1990年,长江三峡工程库岸大型崩塌、滑坡勘察研究纳入了“七·五”国家重点科技攻关项目后,广大地质工作者采用了地面地质、遥感地质、地球物理、钻探、硐探、物探、岩土样物理力学试验、位移监测、物理模型、数值解析等多种技术方法,对三峡地区的大型典型滑坡、崩塌进行了详细勘察和多学科研究,获取了丰富的资料,为长江三峡地区经济开发、国土规划、环境保护、航道整治和滑坡、崩塌地质灾害防治工作提供了重要的基础资料和科学依据。据调查,从重庆至宜昌的长江干流及主要支流两岸共有1万m^3以上的崩塌、滑坡404处,总体积30.6亿m^3。其中,干流283处,体积15亿m^3;支流121处,体积15.6亿m^3。1 000万m^3以上的大型滑坡、崩塌38处(滑坡34处,崩塌4处),总体积13.3亿m^3。滑坡主要分布在宽谷河段,以重庆至奉节段分布最多,如重庆高焦炉滑坡、云阳鸡扒子、宝塔和高家嘴滑坡,万县滑坡群,奉节白衣庵、百换坪滑坡;奉节至宜昌段主要有巴东黄腊石、大坪滑坡,秭归范家坪、新滩滑坡。崩塌主要分布在峡谷地段,尤以巫峡分布最多,如鸭浅湾、白鸭坪、向家湾、作揖沱等崩塌均分布在巫峡两岸。

滑坡类型按组成滑体的岩类分,以基岩滑坡为主,松散堆积层滑坡较少。基岩滑坡中又以碎屑类滑坡最多,主要发育在下侏罗统和中上三叠统泥岩、粉砂岩、泥灰岩地层中,个别发生在碳酸盐岩地层中。基岩滑坡按滑动面与滑床基岩产状的关系,绝大多数为顺层滑坡,少数为切层滑坡。松散岩类滑坡均为崩坡积层滑坡或基岩老滑坡堆积物的复活。前者如新滩滑坡,后者如鸡扒子滑坡。

长江三峡地区崩塌、滑坡的形成主要受地层岩性、地质构造、地貌的控制,同时受气象、水文、地震及人类工程活动等多种因素的制约和影响。前者是斜坡变形的环境条件,控制了崩塌、滑坡的总体格局及分布;后者是变形破坏的动力,控制着崩塌、滑坡的发生、发展与活动。

地质灾害频发。我国地质灾害分布广泛,种类齐全,发生频繁,危害性大,是世界上地质灾害严重的国家之一。

据1992—1993年全国地质灾害现状调查资料统计:仅云南、北京、辽宁、四川、甘肃5个省有迹可查的崩塌、滑坡、泥石流就达41万多处，年均死亡人数928人；有16个省(区、市)发生地面沉降，共46个地区，沉降面积达48 664km^2；有17个省区出现地裂缝，共434个地方，1 073条以上，总长超346km；在24个省区发生岩溶塌陷，共2 841处，塌坑33 192个，塌陷面积332km^2；在23个省区出现采空塌陷，共180处，塌坑1 595个，塌陷面积1 150km^2。

据初步评估：由崩塌、滑坡、泥石流、地面塌陷等9种灾害对现有设施的破坏造成损失年均55亿元；由冷浸田、土地盐渍化等造成减产损失年均55亿元；由土地沙化、水土流失和煤层自燃造成的环境恶化、自然资源的损失年均156亿元；海水入侵直接经济损失年均8亿元。

§1.3 地质灾害的分类

按破坏形式、动力作用、物质组成和破坏速率等，可将地质灾害分为10类。我国地质灾害种类齐全，除现代火山灾害外，其他地质灾害都相当严重。主要包括：① 震：天然地震、诱发地震。② 土位移：崩塌、滑坡、泥石流。③ 地面变形：地面沉降、地面塌陷、地裂缝。④ 土地退化：水土流失、沙漠化、盐碱(渍)化、冷浸田。⑤ 海洋(岸)动力灾害：海面上升、海水入侵、海岸侵蚀、港口淤积。⑥ 矿山与地下工程灾害：坑道突水、煤层自燃、瓦斯突出和爆炸、岩爆。⑦ 特殊岩体灾害：湿陷性黄土、膨胀土、淤泥质软土、冻土、红土。⑧ 水土环境异常：地方病。⑨ 地下水变异：地下水位升降、水质污染。⑩ 河湖(水库)灾害：淤泥、塌岸、渗漏。

根据经济损失的分类，统计出各类地质灾害所造成的直接经济损失。其中第一项的特征是直接破坏现有设施，以崩塌、滑坡、泥石流为主，加上地震、地面塌陷等灾害，造成的经济损失共约55亿元/a，其中崩塌、滑坡、泥石流年平均经济损失为36亿元；第二项的特征是造成社会产值减少，包括冷浸田和土地盐渍化，年平均造成的经济损失约为55亿元；第三项破坏环境、损失资源，包括土地沙化、水土流失和煤层自燃，年平均经济损失为156亿元；第四项为海水入侵，年平均经济损失8亿元。以上四项合计年平均损失274亿元。

§1.4 我国地质灾害的分布

经过多年地质调查工作，基本查明了我国地质灾害的类型、区域分布特点及发生的规律、危害程度和发展趋势。每个省(区、市)都有各自的主要地质灾害，即使地质灾害类型相同，但由于时空分布、地质条件和经济建设以及人口密度不同，地质灾害造成的社会危害也不尽相同，人们对地质灾害造成的影响的认识也不相同。分析研究地质灾害的分布，对指导我们治理地质灾害、提高我国减灾防灾水平具有重要的意义。

下面就我国重要地区的地质灾害情况介绍如下。

1. 北京市

北京处在华北地台中部——燕山沉降带的西段。地层发育齐全。地质灾害主要有地震、滑塌、崩塌、岩堆、滑坡、泥石流、矿山塌陷、水土流失、地面沉降等。地震、矿山塌陷、地面沉降等灾害比较严重。据记载，自438年以来共发生地震168次。泥石流是北京山区危害最严重的地质灾害，1976年怀柔地区发生1次泥石流，造成104人死亡，给人民生命财产造成了巨大的损失。

2. 天津市

天津，东临渤海，北依燕山，地形北高南低。位于唐山-邢台地震带和北京-渤海地震带的交汇处，地震较为频繁。地质灾害类型有：地面沉降、地震、滑坡、崩塌等。影响较大的地质灾害是地面沉降。目前已经形成了三个明显的沉降漏斗中心，最大沉降量近3m。1976年唐山大地震给天津造成4万多人伤亡。

3. 上海市

上海处在第四纪海陆交互松散层，厚度达300多米。主要地质灾害有：地面沉降、地下水污染、地震和盐渍土。上海地面沉降与地下水开采和水位的变化有密切的关系。自1921年出现地面沉降以来，随着工业发展和人口急剧增长，地下水量开采迅速提高，地面加速沉降，最高年沉降量达110mm。

4. 西藏地区

西藏地处青藏高原，素称世界屋脊，平均海拔在4 000m以上。西藏地质灾害类型较多，其中造成严重经济损失且分布较广的主要有：崩滑流，冰湖溃决造成的地质灾害，水土流失，以风沙运移为主的地质灾害，冻融胀沉，河岸坍塌，地震，病害水利水电工程，地方病，地下水污染。泥石流的主要类型有冰川、泥石流。

5. 四川省

四川省是我国地质灾害最严重的地区之一。主要地质灾害有：滑坡、泥石流、水土流失等。每年给人民生命财产造成了巨大的损失，也严重影响人民的生活，制约了人民生活质量的提高。1933年8月，四川省的茂县发生了一次山体滑坡，在很短的时间内，在岷江中出现了两个100多米的大坝。当年10月份，其中一个大坝发生溃决，洪水淹没了茂县的大片土地。

6. 湖北省

湖北主要地质灾害有：滑坡、泥石流、地震、地面塌陷、水土流失等。滑坡是湖北最严重的地质灾害之一，长江三峡地区是滑坡的主要地区。1985年，在秭归县新滩镇发生滑坡，滑坡量超过3 000万m^3。

第二章 我国主要地质灾害

§2.1 概 述

我国地质灾害种类繁多，有地震、地面沉降、塌陷、海水入侵、风暴潮、膨胀土、崩塌、滑坡、泥石流等。这些灾害分布广泛，活动频繁，危害严重，其中除了地震以外，崩塌、滑坡、泥石流是破坏最为严重的地质灾害。中国是世界上受地质灾害危害最为严重的国家之一，近年来地质灾害频繁发生，平均每年死于地质灾害的人数达千人以上，超过了洪涝灾害死亡人数；平均每年因地质灾害造成的经济损失高达270亿元，占全部自然灾害损失的1/4。加强地质灾害防治，已成为关系国家经济建设和人民生命安全的大事。

崩塌、滑坡、泥石流是广泛发生在山地高原地区的地质灾害，它们的形成条件和活动规律相近，区域分布密切共生，所以也常被称为崩滑流灾害。

中国是崩滑流灾害十分严重的国家。据初步调查，全国大约有中型以上的灾害点三万多处，小型灾害点多达几十万甚至上百万处。1949—1994年的45年中，共发生破坏较大的灾害4 200多次，造成重大损失的严重灾害事件至少有900次。

崩滑流灾害在中国分布十分广泛，全国32个省（市、自治区）中，除了上海及个别省区外，均不同程度地受到崩滑流的危害；斜贯中国中部的川滇山地、鄂西山地、秦岭、黄土高原、燕山山地、辽东山地等是受灾最为严重的地区；西部和西北部的阿尔泰山、天山、祁连山、青藏高原部分地区，也存在不少地质灾害。

崩滑流灾害的破坏作用主要在以下五个方面。

1. 人员伤亡

1949—1994年，我国的崩滑流灾害至少造成上万人死亡。在城镇、矿区等人口密集地区，崩滑流活动一旦爆发，常常一次就造成数百人伤亡的灾害事件。如1983年3月7日，甘肃省动东乡自治县洒勒山发生大型滑坡，三个村庄被摧毁，死亡237人，重伤27人。1989年7月10日，四川华蓥市溪口青龙嘴山发生滑坡，随后形成泥石流，淹没沿途村庄、工厂等，221人遇难。

2. 破坏城镇、矿山、企业

全国遭受崩滑流严重侵扰的城市有59座，县城以下的小城镇数百个。如重庆市，共有体积大于500m^{3}的滑坡129处，崩塌58处，解放以来它们多次发生活动，造成了严重损失。目前，至少还有66处滑坡处于活动或潜在不稳定状态，82处危岩体可能崩塌，时刻威胁城市安全。其他如四川松潘县、云南省兰坪县都在遭受着崩滑流的威胁。我国多数矿山不同程度地遭受崩滑流灾害的破坏或威胁，其中抚顺西露天矿、四川攀钢蓝尖铁矿、甘肃白银露天矿、云南东川铜矿等矿山面临的崩滑流的形势更加严峻。

3. 破坏铁路、公路、航道，威胁交通安全

全国铁路沿线分布有大型泥石流沟1 386条，危险性大的大中型滑坡1 000多处，22条铁路干线上共9 980km的线路受到严重的危害。1949—1990年，崩滑流灾害造成的较大行车事

故 180 起，33 个车站被淤埋 41 次，用于修复治理的工程费用约 1.5 亿元。受害最严重的线路有宝成线、成昆线、川黔线、东川线、鹰厦线等。同样，山区的公路几乎都不同程度地受到崩滑流的破坏。如川藏公路沿线分布有泥石流 1 036 条，滑坡 419 处，崩塌 1 525 处。其他如川滇、川陕、川甘、滇黔等公路的崩滑流灾害也十分严重。还有，大江大河两岸也是崩滑流灾害的多发区，对内河航运造成严重威胁。如长江中上游重庆至宜宾 690km 河段，发育有崩滑流 283 处，金沙江下游的攀枝花至宜宾，分布有崩滑流 935 处。这些情况，都给航运带来了严重隐患。

4. 破坏水利、水电工程

解放以来，我国有数百座水库和水电站遭受崩滑流灾害的破坏。仅云南一省遭到破坏的水电站就有 360 多座，水库 50 多座，拟建的长江三峡水库，库内发育有崩塌、滑坡 214 处，泥石流沟 271 条。三斗坪至江津县的未来库岸地带，有 5 000m^3 以上的崩塌、滑坡体 392 处，平均体积模数为 $91\times10m^3/km^2$。如何防治崩滑流灾害是水库工程建设和正常运行的重要问题之一。

5. 影响资源开发，阻碍山区经济发展

为了使山区摆脱贫困面貌，需要大力开发山区的各种资源，然而在崩滑流活动区，这些活动受到严重阻碍。

中国崩滑流灾害有以下特点：

崩滑流灾害属于自然灾害范畴，它们与干旱、台风、洪水、地震、风暴潮等灾害相比，由于其形成条件、活动过程、破坏方式的不同，使得崩滑流地质灾害具有其独特的成灾特点。要对其进行综合治理，必须首先认清中国崩滑流的成灾特点。

首先，崩滑流灾害虽然在中国分布广泛，但就其影响范围和成灾规模来说都比较小。大规模的崩塌滑坡，体积一般几千万立方米，破坏范围最大不超过 10km^2，泥石流主沟长度也只有几千米到几十千米。其次，崩滑流灾害也并非孤立存在、互不关联的。其实，崩塌和滑坡在定义上根本就没有明显区别，而泥石流则是介于滑坡和洪水之间的一种高浓度固液相颗粒流。同时，这三种地质灾害的成因几乎都与暴雨或洪水有关，特别是在地质条件不好的山区，常常是在暴雨或洪水后，先发生严重崩塌滑坡活动，随后大量碎屑物质融人洪流形成泥石流。这种已形成灾害群或灾害链的现象，在川滇山地尤为突出。如四川省的不少地区，据专家估计，已形成暴雨—滑坡—泥石流、滑坡—堵江淹没—洪水灾害等破坏严重的灾害链。

中国的地形大致呈阶梯状分布，所以崩滑流灾害从全国范围来看，还受一定的区域性条件控制。据统计，崩滑流灾害 90%都分布在处于第二阶梯的中部山地，地处西南的川渝滇黔地区首当其冲。此外，甘肃省崩滑流灾害也比较严重。在第二阶梯向第三阶梯过渡的地区，人口众多，工业密布，是崩滑流危害最严重的地区。

崩滑流等地质灾害也并非纯粹自然原因，甚至可以说主要是人类的社会经济活动造成了这些灾害的形成与发展。纵观中国几十年来的崩滑流灾害发育情况，无论是其范围、频率或破坏强度，都与我国的人口和经济发展具有大致同步的正相关关系。可以预见，未来社会经济条件与地质灾害的相互影响必将进一步加剧，这样一来，崩滑流灾害的监测治理就显得更加重要。

中国政府已经提出了“西部大开发”的战略，那么随着中西部山区的社会经济发展，大规模的资源开发与工程建设不可避免。同时，这些地区的崩滑流灾害的破坏程度也将不断升级，所以中国的崩滑流灾害还具有很严重的潜在危险性。

综上所述，在崩滑流灾害的监测治理中，我们应该保持长远的目光，充分认识到崩滑流灾害的潜在危险性。在经济开发的过程中，尽量降低对地质环境的破坏，要对灾害进行全方位、多层次的综合治理。同时，加强植树种草等绿化措施，防止生态环境恶化。

§2.2 地 震

由于地下岩石长期受到构造作用，积累了大量的能量，当大范围地层的岩石断裂或断层错动时，能量全部或部分释放出来，就产生了地震。

根据地震产生的原因，地震可分为：① 人工地震，如爆破作用引起的与地震相似的现象；② 诱发地震，如水库蓄水时在附近的断层中突然引起的地震；③ 天然地震，如构造地震、火山地震、塌陷地震等。根据地震的强度来划分，将地震分为 10 级。5 级以上的地震称为破坏性地震。

地球上的地震主要分布在两个地带：一是环太平洋地震带，从太平洋东海岸的智利一直延伸到太平洋西南岸的印度尼西亚和新西兰。这条地震带地壳构造运动非常活跃，地球上大部分地震都发生在这条带上，我国台湾省就位于这个地震带上；二是喜马拉雅-地中海地震带，西起地中海，经过土耳其、中亚细亚、印度的北部、我国西南部分地区到印度尼西亚与环太平洋地震带会合。地球上每年大约要发生 500 万次地震，平均不到 10 秒钟 1 次。人们能够感觉到的地震不到总次数的 1%。强度达到能够破坏建筑物的地震每年只有十几次。中国是个多地震的国家。在中华文明史上有过多次地震灾害的记载。东汉杰出的科学家张衡设计制造了世界上第一台可以测出地震方向的地震仪。据史料记载，我国已发生 3 000 多次 4 级以上的地震。

我国大部分地区位于世界地震带或邻近地区，地震活动十分频繁。但绝大多数地震的震源在大于 70km 处。根据地震活动特点，我国地震可以分为三个区域：一是东部地区，主要是指陕西、山西、河北、山东和福建、广东沿海，这些地区地震强度大、复发期长。二是西部地区，除准噶尔、塔里木、柴达木等盆地外，绝大多数山区都有地震发生。三是台湾地区，是我国地震频度最高的地区，复发期短，强度大。

表 2-1 为中国强地震统计表。

表 2-1 中国强地震统计表

地区 \ 震级	1900 年以前				1900 年以后				总计
	≥8	7～7.9	6～6.9	小计	≥8	7～7.9	6～6.9	小计	
北京市			4	4					4
天津市							2	2	2
河北省	1	1	11	13		3	6	9	22
山西省	2	4	10	16					16
内蒙古自治区							3	3	3
辽宁省			2	2		1		1	3
吉林省 浅震							2	2	7
吉林省 深震						1	4	5	
黑龙江省 浅震							2	2	9
黑龙江省 深震						3	4	7	

地区 \ 震级	1900 年以前				1900 年以后				总计
	≥8	7～7.9	6～6.9	小计	≥8	7～7.9	6～6.9	小计	
安徽省			3	3			1	1	4
江西省			1	1					1
福建省	1		1	2					2
台湾省			13	13	2	30	152	184	197
河南省			4	4					4
湖北省							1	1	1
湖南省			1	1					1
广东省		2	3	5		1	4	5	10
广西壮族自治区							1	1	1
四川省		5	12	17		7	29	36	53

续表 2-1

地区 \ 震级	1900年以前				1900年以后				总计
	≥8	7~7.9	6~6.9	小计	≥8	7~7.9	6~6.9	小计	
陕西省	1	1	6	8					8
甘肃省		8	20	28	1	2	7	10	38
宁夏回族自治区	1	3	8	12	1	2	3	6	18
青海省			1	1		3	20	23	24
新疆维吾尔自治区		3	3	6	3	10	42	55	61
上海市									
山东省	1	1	3	5		1	1	2	7
江苏省			1	1					1
浙江省									
贵州省									
云南省		3	30	33		7	42	49	82
西藏自治区					2	5	53	60	60
渤海		1	1	2		1	1	2	4
黄海			5	5			7	7	12
东海							2	2	2
南海						1	2	3	3
合计	7	32	143	182	9	78	391	478	660

资料截至1976年底

(国家地震局地球物理研究所,1977年)

1925年3月16日,云南省大理发生地震,震级达到7.1级。地震波及凤仪、弥渡、祁云、宾川、蒙化、邓川等县,纵200km,横80km。死伤近万人。

1935年4月21日,台湾岛和澎湖列岛连续两次强烈地震。据统计,台湾新竹伤亡4 299人,损坏房屋2万余所;台中伤亡9 265人,损坏房屋1.5万余所。

1976年7月28日3时42分,在唐山—丰南一带发生了强烈地震。地震波及到天津和北京。这次地震为7.8级,震中烈度为11度,给人民生命财产造成了巨大的损失。据统计,累计死亡24.2万多人,重伤16.4万人,唐山市被夷为一片废墟。

1975年2月4日19时36分,在辽宁营口、海城一带发生强烈地震。震级7.3,受灾面积约1 200km^2,灾区死亡1 400多人,受伤17 000多人。当时财产损失达10亿元以上。

§2.3 泥石流

泥石流是一种突然爆发的、破坏性极大的特殊洪流。泥石流是广泛分布于我国的一种气象—地质灾害,它是指含有大量固体物质(如泥、砂、石)的山洪。当固体物质含量低、粘度小时,泥石流近于一般的山洪,呈紊流状态;当流体中固体物质含量高、粘度大时,泥石流近似于塑性体,流动有阵发性。

要形成泥石流,必须具备陡峭的地形、松散的固体物质和足够的水源三个条件。在地质条件不良山区,一旦具备这三个条件,再发生暴雨(融雪、洪水)甚至特大暴雨,混浊的泥石流沿着陡峻的山沟奔腾咆哮而下,地面振动,山谷雷鸣,流体冲出山谷,在堆积区横冲直撞,漫流堆积。

泥石流灾害在我国西部、西南部山区危害严重,其中,兰州市、天水市、东川市等数十座城市遭受泥石流的威胁。泥石流的频繁爆发,不仅直接危害山区居民的劳息场所,而且破坏山区生态平衡,致使山区水土流失加剧,江河水库淤积,环境质量严重降低。防治泥石流已成为我国山区社会经济发展急需研究的课题。

在泥石流的治理中，必须将工程措施和生物措施相结合，并根据实际情况，在泥石流的上中下游全面规划治理。其中工程措施具施工期短、见效快等优点；而植树造林的优点是可以恢复生态平衡，长期有效。总的来看，在治理前期应以采用工程措施为主，可以稳定边坡，促进林木生长；治理后期则应以生物措施为主，减少水土流失。

2.3.1 泥石流的勘察

泥石流勘察以工程地质测绘和调查为主。测绘范围包括沟谷至分水岭的全部地段和可能受泥石流影响的地段。测绘比例尺，对全流域采用 1：50 000，对中下游可采取 1：2 000～1：10 000。主要调查内容是：

(1) 冰雪融化和暴雨强度，前期降雨量，一次最大降雨量，平均及最大流量，地下水活动情况。

(2) 地层岩性，地质构造，不良地质现象，松散堆积物的物质组成、分布和储量。

(3) 沟谷的地形地貌特征，包括沟谷的发育程度、切割情况，坡度、弯曲度，划分泥石流的形成区、流通区和堆积区及圈绘整个沟谷的汇水面积。

(4) 形成区的水源类型、水量、汇水条件、山坡坡度，岩层性质及风化程度。查明不良地质现象，如断裂、滑坡、崩塌等。

(5) 流通区的沟床纵横坡度、跌水、急弯等特征。查明沟床两侧山坡坡度、稳定程度，沟床的冲淤变化和泥石流的痕迹。

(6) 堆积区的堆积扇分布范围，表面形态，纵坡，植被，沟道变迁和冲淤情况；查明堆积物的性质、层次、厚度，一般粒径及最大粒径以及分布规律。确定堆积区的形成历史、堆积速度，估算一次最大堆积量。

(7) 泥石流沟谷的历史，查明历次泥石流的发生时间、频数、规模、形成过程、爆发前的降雨情况和爆发后产生的灾害情况。

(8) 调查人类生产活动对泥石流产生的影响。

2.3.2 泥石流治理的工程措施

一、控制水源的治水方法

水是泥石流得以形成的不可缺少的动力之一，治水工程旨在控制、削弱产生泥石流的水动力条件。

1. 蓄水工程

在泥石流形成区的上游，选择适宜的地点建造水库、水塘或其他形式的蓄水池以调节洪水，大大削减流经泥石流形成区的清水洪峰，减弱泥石流形成的水动力条件，如四川凉山黑沙沟上游的库容为 $6.4\times10^5 m^3$ 的“七・一”水库，可将黑沙沟百年一遇的清水洪峰流量由 $110m^3/s$ 削减到 $34m^3/s$。自 1972 年该水库建成后，黑沙沟的泥石流便基本得到了控制。

2. 引排水工程

排水工程的功能与蓄水工程类同，其差别在于后者能调蓄洪水，前者对水源的控制仅限于工程本身的泄洪能力。排水工程多兴建于泥石流形成区的上方或侧方，有排水渠、泄水隧洞形式。如四川石棉新康石棉矿为治理大洪沟矿山泥石流(固体物质为石棉矿的废石及粗选后的尾矿)，在尾矿、废石堆积区的上游修建了一排泄水隧洞，将上游洪水导入外流域。该隧洞过水断面面积为 $13m^2$，纵坡 6%，它控制上游径流面积 $55km^2$，最大泄洪流量达 $190m^3/s$，可排 15～20 年一遇的洪水，自隧洞建成运行 20 年来，它有效地控制了大洪沟矿山泥石流的发生。矿山部门为彻底治理“三废”和矿区泥石流，在三废区的下游又修建了拦渣坝群。

3. 防御工程

高原灾害性泥石流大多因冰湖溃决而形成，因冰舌发生冰崩、冰滑坡、冰湖水位骤涨、冰水漫溢终积堤而导致堤坝溃决，产生稀遇洪水和泥石流。为避免此类危害极大的事件发生，可事先采用适当的措施，如在终积堤见风使舵，挖隧洞，或挖明渠，或在终积堤上建虹吸工程等，事先降低冰湖水位。如西藏工布江达仲沙区事先炸坝放水，免除了冰湖溃决洪水和泥石流的灾害。当然，在有条件时，可加固终积堤，既可避免冰湖溃决，又可充分利用冰川水资源。

二、控制土源的治理方法

大量松散固体物质的存在及其移动性取决于泥石流源地的地质地貌因素。治土工程的目的在于控制或抑制松散固体物质的活动性和其数量的增加，促使泥石流衰退并走向死亡。

1. 拦沙坝、谷坊工程

拦沙坝、谷坊工程已广泛应用于各地区的泥石流治理，它们是治理泥石流的主要工程，也是骨干工程。人们通常将主沟内规模较大的拦挡坝称为拦沙坝，而将无常流水支沟内规模较小的拦挡工程称为谷坊。

建造拦沙坝、谷坊的主要目的在于拦蓄泥沙，利用回淤泥沙埋压滑坡的滑动面，以稳定滑坡，促进山坡稳定，提高泥石流支沟的侵蚀基准面。尽管治理滑坡的办法很多，如用抗滑桩、挡土墙、渗沟、盲洞等等，但限于投资和规模，大多数办法均难应用于泥石流的治理。用泥石流堆积层的抗滑力来抵抗滑坡的下滑力是一种十分经济有效的办法。拦沙坝、谷坊工程的其他功能还有，一为拦截部分泥沙石块，削减泥石流的规模，尤其在坝高、库容量大的情况下，此种作用比较明显；二为减缓上游沟段的纵坡，加大沟宽，减小泥石流流速，减轻泥石流对沟岸的侧蚀作用；三可加固、稳定泥石流沟的沟床，制止沟床的进一步下切，减少沟岸的坍塌、崩落。

拦沙坝、谷坊的类型众多。按建筑材料分类，有浆砌块石坝、干砌块石坝、混凝土坝、土坝、金刚筋石笼坝、钢索坝、钢管坝、木质坝、木石混合坝、竹石笼坝、梢料坝、砖砌坝等。从结构上分类，有直接型重力坝、点线型拱坝及格栅坝等等。采用何种坝型，除与具体泥石流沟条件有关外，还与经济、技术等因素有关。

2. 挡土墙工程

拦沙坝、谷坊工程的修建需要一定的地质、地形条件，且回淤范围、拦蓄泥沙量有限，仅限于沟道内。而沟坡、谷坡、山坡上常存在着个别、分散的活动性滑坡、坍塌，再用拦沙坝、谷坊工程很不经济或不能施工，这时可选用挡土墙工程。挡土墙是靠墙后被动力压力制止滑坡、坍塌等下滑及通过改变泥石流流向、河势而防止水流、泥石流顶冲不稳定坡段的坡脚来实现既定目标的。

3. 护坡工程

在泥石流沟中，某些相对稳定的山坡，由于长期受到水流、泥石流的冲蚀而日趋不稳，逐渐演变为新的泥石流源地。稳定这种新源地，需建些护坡工程。

4. 变坡工程

在泥石流形成区上方的山坡上修水平台阶，以削减坡面径流冲蚀强度。这种变坡工程不仅有利于山坡的稳定，还有利于山坡资源的开发利用。在云南邓欠河泥石流治理中，修筑隔坡水平台阶 3 700m，台阶宽 2m，间距 3m。在水平台阶上种植经济林木，阶间坡地上种草皮及根系较深的乔灌木。变坡工程有效地防止了坡面冲刷，并保证了排水的畅通。经济林木的栽种，亦大大增加了群众的经济收入。

5. 潜坝工程

一些特发性的泥石流往往是在罕见大暴雨的情况下，特大洪水掏刷原沟床沉积物而形成的。对于这类泥石流的防治，潜坝工程的预防效果较好。潜坝建于沟床中，坝基嵌入基岩，坝顶与沟床齐平。潜坝要系列化、梯阶化才能起到固定沟床、抑制泥石流发生的作用。此外，潜坝工程亦可起到拦沙坝的作用，利用坝内侧的沙石垫层，消耗泥石流过坝后的动能。

三、排导工程方法

排导工程在泥石流治理中占有重要位置，它能直接保护某一工程设施或建筑群，如坡镇、村寨、农田、铁路、灌渠、电站、矿山等等。

1. 导流堤与顺水坝

导流堤、顺水坝工程的目的均为控制泥石流流向。导流堤始于泥石流堆积扇扇顶或山口直至沟口，大多为连续性建筑物。导流堤一般为单面护砌沙石土堤，也有一些为纯土堤或纯石堤，个别采用混凝土堤。具有代表性的导流堤是云南东川蒋家沟泥石流导流堤。蒋家沟泥石流规模巨大，为典型的粘性泥石流沟。蒋家沟的主流线与小江正交，汇口处江面十分狭窄，小江的洪峰流量不大，且常不能与蒋家沟泥石流洪峰遭遇，以致泥石流常能堵断小江而造成一系列危害。为防止蒋家沟泥石流堵断小江，东川矿务局泥石流工地从扇顶红山嘴开始，修筑一长2.5km 的人工导流堤，从堆积扇的右缘将泥石流导入小江。新的交口处江面较开阔，泥石流主流线与小江主流线呈斜交，这样有利于泥石流排泄，达到了泥石流不堵江的目的。

顺水坝建于沟内，多为不连续建筑物。顺水坝一般为浆砌块石或混凝土构筑。顺水坝除控制主流线方向外，还保护山坡坡脚免遭洪水、泥石流冲刷。如在凉山黑沙河沟内建有 7 道顺水坝，分散在三处不良地质段，达到了改变流向、保护岸坡及一些拦沙坝坝肩的目的。

2. 排导沟

以沟道形式引导泥石流顺利地通过防护区段排向下游泄入主河的工程称为排导沟，排导沟是常见的防护工程，其吸引力常大于沟内的拦挡工程，因有些部门并不关心泥石流的彻底根治，仅防止泥石流的直接危害。此外，排导沟工程位于山外开阔地带，交通方便，施工容易、简单，投资少，且对防范泥石流有立竿见影之效，故为大多数部门、单位首先考虑和采用。

3. 渡槽、急流槽

依山傍水的公路、铁路常跨越泥石流沟道，在跨越交叉处，如泥石流规模不大，又有有利的地形条件，便可采用渡槽、急流槽工程，在留有足够的行车净空情况下，将泥石流从线路上空排走。

渡槽、急流槽二者含义大体上相同。一般称线路上方纵坡相对较缓的为渡槽，而将线路下方纵坡较大的称为急流槽。在山区交通线路上，渡槽、急流槽为广泛采用的排泄泥石流的工程措施。如川甘公路上的清水子渡槽、沙弯渡槽。甘肃武都的下猴子渡槽，西藏拉月 4 号急流槽。泥石流渡槽的设计纵坡要大。如泥石流体中多数为大石块，则应在沟内建格栅坝，避免大石块堵塞和砸烂渡槽。渡槽本身要有足够的过流断面，尤其是槽壁要高，以防泥石流外溢。渡槽临大河一侧的基础要加深，并需对河岸加强防护，以免大河冲刷基础而垮塌。

4. 明硐

交通线路通过泥石流严重堆积区时，如地形条件许可，则可采用明硐工程。从广义上讲，明硐也是渡槽的一种，只是明硐的工程量远比一般渡槽的工程量大，它的线性长度远远超出它的跨度。成昆铁路西昌北站附近的大塘河明硐，小江的老干沟明硐均是铁路以明硐工程渡过泥石流，致使线路免受灾害的实例。

5. 改沟工程

因某种需要而将泥石流的出口改向相邻的沟道或另辟一出口的工程称为改沟工程。如修建成昆线上的弯丘车站即采用了改沟工程。改沟工程需慎重采用，且设计标准要高，否则会产生不良后果。上述弯丘车站的改沟工程，因考虑不周(采用近乎直角的改沟)，1973 年的一次泥石流违背改沟者意图，仍走老道，导致弯丘车站被淤，成昆线断道一个星期。

四、停淤工程方法

1. 停淤场工程

停淤场是利用天然有利地形条件，采用一些简易的工程措施，如导流堤、截流坝、挡泥坝、改沟等，人为地将泥石流引向开阔平缓地带，使泥石流停积在这一开阔带，从而达到保护农田及各种建筑物的目的。甘肃省靖远县境内王家山铁路专线即采用停淤场工程制止泥石流破坏铁路。

2. 拦泥库

拦泥库是一种存放泥石流的工程。通过适当的导流工程，将泥石流导向低洼地带，以减轻泥石流对下游的危害，该低洼地带便是拦泥库。东川蒋家沟，人们利用蒋家沟下段的支沟——老蒋家沟低于主沟床的有利地形条件，将主沟的一部分泥石流人为地导入老蒋家沟。使老蒋家沟成为一拦泥库，拦泥库的作用是临时的，作用有限。

五、SNS 泥石流防护柔性格栅坝

SNS 柔性防护技术可以应用于泥石流的防治。1994—1995 年间，美国加利福尼亚州 41 号公路上的岩崩防护系统意外地成功拦截了好几次暴雨引发的泥石流。1996 年 6 月，布鲁克集团美国公司通过现场试验，成功实现了 SNS 钢绳网向泥石流防护领域拓展业务的目的。

当前在泥石流的工程措施方面，由实体重力坝逐渐演变为格栅坝。鉴于这种坝具备受力条件好、节省材料、节省投资、施工方便、拦石排水效果好和有利于坝库维护管理等优点，近年来在泥石流的防治中得到了越来越多的应用。

传统格栅坝整体刚性高，迎流面抗冲击力弱，而 SNS 泥石流柔性格栅坝技术不但可以克服这些弱点，而且还可以实现坝体结构轻型化、材料搬运方便化、施工安装简单化和快速标准化，从而进一步缩短工期，减少材料耗用并降低造价。根据钢绳网的不同布置形式，可将 SNS 柔性格栅坝分为标准型、建议型和立体复合型三种。

标准型 SNS 柔性格栅坝由钢绳网、钢柱、支撑绳、拉锚系统及摩擦式减压环构成。

2.3.3 泥石流整治实例

成昆线是我国泥石流灾害爆发较多的一条铁路，1982 年以来，国家投入了大量资金进行整治，取得了显著效益。但一些工点当初设计不够完善，致使该地区 1995 年以来，又多次受到泥石流的危害。据此，国家又投入大量资金进行整治，其中咕噜岩沟就是一个成功地彻底根治病害的工程实例。

咕噜岩沟泥石流病害整治方案由西南交通大学设计，其工程包括三跨——悬臂框架渡槽长 40 .95m；从跌水处引接导流槽加下游导流槽共长 83.62m；公路桥一座；锚喷护坡 1 008m；框架渡槽置于三排立柱的托梁上，每排立柱为两根截面为 2.0m×1.0m 的钢筋混凝土柱，桩基础为截面 2.6m×2.8m 的摩擦孔桩，深 26.2m。立柱之间以钢筋混凝土梁纵横相连成框架整体。

湘黔铁路 k711—k713 工点是一种典型的坡面泥石流病害，此工点的整治工程措施以排导为主。在修建排导槽的同时，修建挡渣墙以拦截和导流泥石流，使之顺利进入排导槽而不冲向路基；还在隧道出口修建渡槽，使泥石流由洞顶排走。

重庆市寥糟坪泥石流治理工程是国家计委、原地质矿产部和重庆市的重点地质灾害治理项目。该泥石流曾于1993年8月1日爆发，距湘渝铁路160m，距渝广公路230m，距嘉陵江主航道650m。该泥石流沟从上到下分为源头滑坡段、上端陡坡段、北侧溜滑段、中部冲击段、下部流通段和前缘堆积扇六部分。堆积扇区前端采用直径800mm的灌注桩24根，桩间用直径130mm锚杆插入4条直径25mm的锚杆灌注水泥浆；堆积扇中部施工直径130～150mm的注浆孔61个；泥石流中部冲击段采用碎石桩群碎石坝工程；上段北侧滑溜区施工直径300mm密集抗滑桩护边；泥石流中下段及部分上段，采用双层不透水土工布垫底，单层透水土工布护壁，内填碎石的盲沟排水工程。

§2.4 滑　坡

滑坡是指一种缓慢的斜坡变形，表现为斜坡岩土体整体下移，表面无土石翻滚现象。一般情况下，滑坡沿一些软弱夹层面移动，作为一个间歇性的、长期的沿滑动面向下移动。一个滑坡可以延续几年到几十年，当然有时发展也很迅速。典型滑坡的地形特征是：后缘顶部有圈椅桩陡崖的滑坡壁，中部为平坦台地（有时为陷落凹地），前部则有稍微隆起然后缓慢向前延伸的舌部。一个滑坡由滑坡体、滑坡床、滑坡面三部分构成，其发展过程可分为：① 蠕滑阶段；② 滑移阶段；③ 剧滑阶段；④ 稳定阶段；而且，滑坡可以在稳定之后，又可能全部或部分复活。

滑坡的分类方法有多种。根据滑动面与层面间的关系，滑坡可以分为均质滑坡、顺层滑坡、切层滑坡三类，这也是应用最广泛最早的一种分类方法。按滑坡的动力学性质，滑坡可以分为牵引式滑坡、推动式滑坡和混合式滑坡，这种分类在滑坡防治上有很大意义。铁道部又将滑坡分为堆积层滑坡、粘土层滑坡、黄土层滑坡、岩层滑坡等。

滑坡在崩滑流三种地质灾害中是分布得最广的一种，在我国各地山区均有分布，因此，滑坡也是这三种地质灾害中危害最大的一种。几乎在各类工程建设中，都可以见到滑坡的危害，故而滑坡的防治措施也多种多样。

2.4.1　滑坡勘察

滑坡地区勘察应进行工程地质测绘与调查，测绘的比例尺为1：200～1：2 000。当测绘工作用于滑坡整治设计时，测绘比例尺为1：200～1：500。工程地质测绘与调查的内容是：收集当地滑坡时间、易发地层分布、水文气象、工程地质图和地质构造图。调查微地貌形态及其演变过程；圈定滑坡周界、滑坡壁、滑坡平台、滑坡裂缝等；查明滑动带的位置、滑痕指向、倾角、滑动的组成和岩土状态；查明裂缝的位置、方向、深度、宽度、产生时间和力学性质等。调查滑动带水和地下水的情况。调查滑坡带内外建筑物、树木等的位移及破坏的时间和过程。

滑坡的勘探工作：勘探孔的位置应根据组成滑坡体的岩土种类、性质和成因，滑动面的分布、位置和层数，滑动带的物质组成和厚度，滑动方向，滑带的起伏及地下水等情况综合确定。除在主滑动方向布置勘探线外，在主滑动线的两侧及滑体外也要布置一定数量的勘探线。勘探孔的间距不应大于40m。勘探孔的深度应穿过最下一层滑动面，控制性勘探孔的深度应深入稳定地层。在滑坡体、滑动面和稳定地层中应采取土样。另外应查明地下水的情况，对于较大的滑坡体应该布置一定的物探工作。

2.4.2 滑坡的监测

滑坡监测是对滑坡变形范围确定、稳定性评价、险情报警及治理工程设计、施工和效果检验等各个环节中必不可少的一种技术手段。为了尽快整治滑坡灾害,减少损失,必须要有精确的勘测技术与监测技术,这就需要对当前的滑坡监测技术作一个简单的介绍。

一、工程地质勘探技术

钻孔倾斜仪:是目前寻找滑动带的主要手段,在滑坡监测中广泛应用。钻孔倾斜仪是由传感器探头、有标尺的承重电缆及读数显示仪组成。它在钻孔中放置有四个定向槽的钻管(定向管),由孔内测斜仪读出资料来确定滑坡的位移量。钻孔倾斜仪有 CR－1 等型号,它可以为滑坡的监测预报提供重要的参考资料。实践表明,钻孔倾斜仪精度要比地表高程监测、观测点监测等要高得多,但其缺点是钻探工作代价太大。

静电触探:在滑坡处于相对稳定时期,采用测斜仪达不到目的时,可以采用此方法在粘土滑坡、黄土滑坡中寻找滑动带,其优点是速度快,但最好与少量钻孔相配合使用。

电法勘探:这是传统的物探方法,目前还达不到确定滑动带的程度,但如果能把地质工作与电法勘探资料充分利用,综合分析可能得到不少有用信息。

二、水文地质勘探技术

测温方法调查滑坡地下水。20 世纪 80 年代,日本人借鉴寻找温泉的经验,通过测浅层地温资料,查明滑坡地下水的分布,后来在我国的四川甘江油滑坡、k378、k410 滑坡等地应用并取得了较为满意的效果。

氡气调查地下水。原理是利用一种收集物埋于地下或悬挂于空中 4～6h,由于电场力及分子力使收集物有效地聚集氡气及其子体,用仪器测量 α 射线强度。在断裂带,α 射线强度一般要高出正常地段几倍到几十倍。通过仪器探测异常,可以判断断裂带的位置。

三、土工试验

通过振动液化试验等来确定临界值和安全系数等。

四、HP－2 型滑坡遥测系统

遥测系统由两部分构成:一是应变仪及数据采集部分,二是信号信道控制部分。它利用各种电阻应变片组成测量电桥和传感器,进行不同量程范围、不同精度要求的多种参数的测量。它有固定式与便携式两种,可以监测多种斜坡的稳定性。

五、遥感技术

很多古滑坡由于长时间的自然人文改造,使滑坡的地质原貌发生了很大变化,滑坡要素残缺或模糊不清。特别是一些大型滑坡,现场看不到全貌,给常规地面调查造成了极大困难。在这种情况下,遥感技术能充分发挥作用。滑坡的判释是根据判读标志进行的。判读标志分为直接判读标志与间接判读标志。通过直接判读地物影像的形状、大小、色调、阴影和文理图案等或间接判读标志包括地貌特征、植被特征、水文特征和人类活动特征等,来确定滑坡的存在与否。其中,间接判读标志相对来说更为重要,它能充分体现判读专业水平。

六、其他滑坡监测技术

1998 年的日文期刊《土木技术资料》第 40－1 期上介绍,日本已发明出一种监测斜坡变形的新型仪器,称之为"感压式斜坡监测仪"。1999 年的第 41－2 期上又介绍了应用伸缩计来计算滑坡位移的技术。

西南交通大学的蒋伟宏、蒋正红与成都铁路局的王斌合作提出了在铁路路基病害监测中应用高密度电阻率成像技术。高密度电阻率成像技术主要是利用了岩土体的导电性的差异,研究地中电位的分布规律，通过高密度采集地下稳恒电流场电位与电流资料来实现地质结构的电性模拟断面重建。在该方法中，用视电阻率 ρ_S 来反映电性差异，计算机主控进行断面重建，来探测路基病害。

北京海淀区桑诺电子技术研究所的陈新华，则对一种磁性方向传感器用来监测滑坡的可能性进行了探讨。这种传感器通过地球磁场来确定方向，虽然其精度可能没有美国 SINCO 公司的测斜仪高，但其仍有足够的灵敏度来反映滑动带的情况。而且，这种传感器使用简单，成本低廉，值得在滑坡监测中应用。

另外，地质钻探中应用的声发射技术，可以监测岩石的破碎情况。在滑坡监测中应用这种技术，可以得到滑坡超前于位移的一些参数。还有，于济民在《滑坡文集》(第 10 集)中也介绍了关于电法监测的 KHB－2 型滑坡综合监测报警仪和 SJ－1 型六道声发射滑坡监测仪器，这些监测仪器都在不同条件下的滑坡监测中取得了满意的效果。

针对一些大型滑坡，我们也应该考虑应用 GPS 遥感技术对其进行长期监控，这也不失为一个有效的办法。

2.4.3 滑坡监测系统的设计

滑坡监测系统的设计是针对滑坡监测需要的布置方式、过程的设计与安置。以往，由于种种原因造成监测系统设置不尽合理，结果达不到应有的监测效果，例如对滑坡的关键部位控制不住，主要变形特征监测不全，监测反馈不及时等，以致产生灾害预报不准及工程设计不合理，从而造成严重的财产损失甚至治理工程失败。因此，这里针对不同发育阶段、不同类型的滑坡监测系统设计原则和所用的设备作一个简要论述。

滑坡监测系统设计的基本原则如下：

(1) 测绘出大于滑坡范围内的 1∶500 的地形图，着重测绘泉水、湿地出露情况；标明裂缝形状、大小、走向、连通性；注明地层分界线；标出冲沟大小及走向等。

(2) 查明滑坡区及其附近区域构造格局。如大的断层带分布情况，岩层的倾向、褶皱、断裂面，隐伏裂面次序及彼此切割关系。

(3) 查明滑坡体地下水的埋藏、排泄、补给关系。

滑坡监测系统设计的总体原则是：在能满足监测目的的前提下，尽量少设计监测点，精设监测点，以节约人力、物力和费用。所有的监测系统都应在滑坡的出口、周边及滑体附近相对稳定体上布设一定的监测点，在滑体内部应布设网状的高精度控制点。至于具体监测设备的选用应根据滑坡的类型及目的而定。

1. 暂不作工程治理的滑坡监测系统设计

此类滑坡分为两类：

(1) 地表无明显变形。此类滑坡监测系统是为了判断滑坡是否复活，如复活，其范围大小及稳定程度。这样，可以设置一些灵敏度高、造价低的监测设备，常采用地面倾斜仪和收敛计进行稳定性测量。倾斜仪重点布设在可能出口、滑坡后缘，其他位置应把倾斜盘成网状布设。收敛计则应沿主轴断面布设一条监测断面，布点间距 8～10m。

(2) 地表有明显变形。监测的目的是为了判断滑坡体大小及滑动方向，计算位移，预测滑动时间，可能的滑动距离。本监测系统应包括多种监测手段，提高预测预报的准确程度。在各级滑坡的可能出口处设置 3～4 排倾斜盘，盘间距 15～20m，其他位置应成网状布设；在主轴断面上布设深部位移监测孔，一般设 3～4 个，以准确测定滑动带的深度及层数、滑面倾角、滑动量大小、主滑方向等；在简易裂缝上做水泥贴片、裂缝两边打木桩，做简易、直观的监测；用位移监测网控制滑坡的各个部位，其基准点一定要选择在稳定体上，可设置为正交网、射线网等，位移计的布设以后缘裂缝为主，有条件时可布设1～2个监测断面；用水平仪法和红外测距仪法观测地面沉降，布设点注重滑坡后缘，主滑体上应成网状；在监测孔中设置声发射监测仪；对地下水位进行动态观测，有条件的可以观测土压力、地应力；地面摄影，航空照片判释，卫星定位观测等技术。如有可能，可加以利用。

2. 将采取施工措施的滑坡监测系统设计

此类滑坡一般所处位置重要，若产生剧滑则造成严重损失。监测方案必须为工程设计提供完整的定量依据，故而，必须在早期设计建立完整的监测系统。

勘探阶段的监测系统设计。这是为了查明滑坡的规模性质，给滑坡的稳定性论证及治理工程提供依据。① 进行深部位移监测：至少设两个监测断面，测点间距30～40m，前后缘和准备做抗滑工程的部位均应设一定的监测点，用以确定工程的设计变形依据。② 地面倾斜监测：滑坡前后缘及对倾斜敏感部位布设。滑坡体外部也设少量监测点，以确定滑坡体变形和发展趋势。③ 布置地面位移监测网，方法同上。④ 声发射监测，以监测土体变形趋势。⑤ 利用各种水文监测仪器监测地下水位动态变化、孔隙水压力、地下水流速、流向等。为滑坡推力计算和地下排水工程提供依据。⑥ 其他监测根据需要进行设置。

另外值得一提的是，声发射监测和地面位移计应做到连续实地观测，其他监测设备根据情况每月1～2次，连降大雨或降暴雨后加密观测次数。监测资料应及时整理，及时反馈。

3. 工程施工阶段的监测系统设计

勘探阶段的监测系统，如不影响施工，均应继续观测。另外根据需要，在施工区内增设深部位移监测孔，并根据施工进度适当增加观测次数，而且，观测资料应及时反馈，还必须设置报警装置，发现异常立即分析。

4. 工程竣工效果检验监测系统设计

监测系统设计类似于勘探阶段，主要为深部位移、地面倾斜、地面位移监测网、桩顶倾斜盘位移、沉降、地下水动态、地应力等项目。观测年限应根据滑坡治理效果及滑坡位置而定，必要时长期观测。

2.4.4 滑坡监测实例

黄茨滑坡位于甘肃省永靖县，为一大型滑坡，规模巨大，地形复杂。1994年5月专家对滑坡进行了现场考察论证，认为滑坡处于较危险状态。1994年7月开始布设监测点，共设八种监测设备，各种设备基本达到了应用目的。依据半年获得的大量监测资料及宏观变形迹象，通过分析计算，预报滑坡将于1995年1月31日至2月7日整体下滑。特别在临滑前几天，1月27日预报将于1月30日下滑（与实际剧滑时间完全吻合），及时发出了险情报告。

1995年1月30日（农历除夕）凌晨2:30，体积达600万m^3的黄茨滑坡开始下滑。由于预报及时，没有造成财产损失与人员伤亡。这开创了我国主要利用监测数据成功预报滑坡剧滑的先例，具有十分重要的学术意义与实用价值。黄茨滑坡的预报成功是我国甚至国际上近几年来大型滑坡预报的一个成功的实例，充分显示了滑坡监测的重要性。

黄茨滑坡监测设备布置如下

地面监测网：① 后缘裂缝上设置了4台机械式自记位移计，后来又设置了经纬仪地面监测网，并根据实际情况布置了与主滑方向成极小角度的3条监测线，10个监测桩，监测数据直接使用。② 机械式位移计共有六台，四台布设在后缘裂缝（事后证明过于密集），但最终只有一台起了作用。③ 沉降观测桩：共设置了13个，是了解蠕滑后期的沉降变形的有效方法。④ 简易观测桩：为了对动体大致了解而设立。⑤ 地面倾斜盘：共在水渠两侧到公路埋设了15个，分为4排，监测到了一些滑坡滑动情况。⑥ 钻孔倾斜：鉴于经费有限，仅钻了三个孔，均埋置了倾斜管，Z1孔1995年9月5日进行监测时便变形严重，次日，测斜探头就完全放不下去，Z3孔则监测到21m及42m处各有一滑动面，Z2孔由于钻孔深度不够，没有监测到有用资料。⑦ 电子式自计单点位移计：作用同于机械式位移计，记录了很多有用数据。⑧ 声发射监测：本次虽然埋设了声发射仪，但最终与地表位移资料间没有发现什么明显联系。

黄茨滑坡预报成功的经验有如下几条：① 必要的地质调查和勘探工作，充分了解地质背景和环境条件。② 采用多种手段综合监测，取得详实可靠的变形资料，提取有效控制信息。③ 重视数据预报，地形复杂的滑坡必须设监测网，特别重视主滑段的位移量。④ 关于预报警戒值，黄茨滑坡把10mm/d作为预警值是合理的（日本滑坡专家渡正亮称日本滑坡预警值是7mm/d）。⑤ 针对各种滑坡预报理论应该根据情况使用，本次预报使用的是蠕变曲线分析，还有滑坡破坏功率计算等，都可为短期及临滑预报提供划分依据。⑥ 及时采取减灾防灾措施，力争把滑坡灾害损失降低到最小。

2.4.5 滑坡治理方法

滑坡的治理应符合如下要求：防止地面水侵入滑坡体；对地下水丰富的滑坡体可采取在滑坡体外设截水盲沟和泻水隧道或在滑坡体内设支撑盲沟和排水仰斜孔、排水隧道等；对滑坡的主滑地段可采取挖方卸荷、拆除已有建筑物等减重辅助措施，对抗滑地段可采取堆方加重等辅助措施；另外采取支撑盲沟、挡土墙、抗滑桩、抗滑锚杆、抗滑锚索等措施时，应对滑坡体越过支挡区或自抗滑构筑物基地破坏进行验算。

目前，滑坡治理的措施有多种，主要治理方法见表2-2。这些治理方法必须根据当地滑坡的具体工程地质情况、气候特点、滑坡所处的地理位置重要与否、经济实力以及工程技术水平来确定滑坡的治理方案。对一般地区的滑坡，如果不会带来重大人员伤亡和重大经济损失的，可以采取一般性的防治措施，如采取排水、减少滑坡的堆放物等；如果滑坡处在人口密集区、重要交通路线、重要厂矿等位置，必须采取对滑坡进行永久治理措施，如建重力挡土墙、护坡、锚固等方法。

表2-2 滑坡治理方法

治理措施	具体方法
改变滑坡几何形态	① 削减推动滑坡生产区的物质（或以轻材料置换） ② 增加维持滑坡稳定的物质（反压马道） ③ 减缓斜坡总坡度
排水	① 地表排水：将水引出滑动区之外（集水明沟或管道） ② 充填有自由排水的土工材料（粗粒填料或土工聚合物）的浅或深排水暗沟 ③ 粗颗粒材料筑成的支撑护坡墙（水文效果） ④ 垂直（小口径）钻孔抽取地下水或自由排水 ⑤ 垂直排水钻孔与深部水平排水廊道相结合排水 ⑥ 垂直（大口径）钻孔重力排水 ⑦ 近水平或近垂直的排水钻孔 ⑧ 真空排水 ⑨ 虹吸排水 ⑩ 电渗析排水 ⑪ 种植植被（蒸腾排水效果）

续表 2-2

治理措施	具 体 方 法
支挡结构物	① 重力式挡土墙 ② 木笼块石墙 ③ 笼墙(钢丝笼内充以卵石) ④ 被动桩、墩、沉井、锚桩、索桩 ⑤ 原地浇筑混凝土连续墙 ⑥ 有聚合物或金属条或板片等加筋材料的挡土墙(加筋土挡墙)、锚索墙 ⑦ 粗颗粒材料构筑成的支撑护坡墙(力学效果) ⑧ 阻滑键 ⑨ 格构锚固护坡 ⑩ 岩石坡面防护网 ⑪ 崩塌落石阻滞或拦截系统(拦截落石的沟、堤、栅栏或钢绳网) ⑫ 预防侵蚀的石块或混凝土块体
斜坡内部加固	① 岩石锚固 ② 微桩 ③ 土锚钉 ④ 锚索(有或无预应力) ⑤ 灌浆 ⑥ 块石桩或石灰桩/水泥桩 ⑦ 热处理 ⑧ 冻结 ⑨ 电渗锚固 ⑩ 种植植被(很强的力学效果)

摘自夏柏如等《我国滑坡地质灾害监测治理技术》一文

在治理滑坡方面,我国已积累了许多行之有效的好办法。充分利用工程地质、水文地质的基础理论,结合地基基础、钻掘工程等方法的技术措施,有效地治理了许多滑坡灾害,减少了经济损失和降低了对人民生命财产的威胁。随着学科的不断渗透,滑坡治理技术将更加完善,经济上更加可行。

近年来,随着国家经济实力的增强,各级政府加大了对滑坡地质灾害治理的力度。国家成立了以国土资源部、湖北省和重庆市人民政府为主的长江三峡地质灾害治理领导小组。国家加强了对三峡地区滑坡的治理工作,取得了一定的成效。

在这里,将介绍以预应力锚索为主的治理方法、以抗滑桩为主的治理方法以及综合运用多种防治措施等三种。

一、以预应力锚索为主的防治工程

预应力锚索是近几年发展起来的一种治理滑坡的工程措施,与常规技术相比,它具有速度快、资金省、效果好的特点,所以在加固不稳定岩土体工程中得到了广泛的应用。但由于这种技术引进时间较短,相关的行业规范尚未公布,给施工管理及质量监控带来了一定难度。本文首先结合一些工程实例,对其施工流程作一下简述。

预应力锚索的施工工艺流程如下:制锚—钻孔—注浆—制梁—张拉锁定—封锚等工序。

锚索施工的机械设备包括:钻孔设备、空压机、混凝土和灰浆搅拌机、发电机组、张拉机具和相应的材料加工等小型设备。此外,安全施工措施、质量控制措施与其他土木工程相似,可以参照制定。

1997 年 7 月,由于连降暴雨,深汕高速公路 K44+250—K45+750 段右侧高边坡发生大面积滑塌。在病害整治中,采用的是预应力锚索工程。本工程共设高强度预应力锚索 304 根,其中锚索由 3～5 根直径 15.24mm 的钢绞线组成，长的 15.5～28.5mm，横向间距为 4m，竖向间距 3m，锚孔直径 110mm，倾角 15°。锚固段、自由段都采用一次性灌浆。

皖赣铁路 K406＋800—K407＋075 滑坡位于景德镇南站以东 3km 处，1996 年 7 月，铁路左侧发生滑坡，严重危及铁路安全。为了及时、可靠、经济地对滑坡进行整治，设计时考虑了四种整治方案：① 抗滑挡墙；② 钻孔灌注桩＋预应力锚索；③ 抗滑挡墙＋支撑渗沟；④ 抗滑挡墙＋预应力锚索＋斜孔排水。其中，前两种方案工程造价昂贵，第三种方案造价虽低，但施工时可能危及路基稳定，且受河水水位影响，最终选择了第四种方案。“抗滑挡墙＋预应力锚索＋斜孔排水”的方案，施工时受水位影响小，施工期短，能保证路基稳定，工程造价也较低，而且利用了既有挡墙。施工措施为：① 预应力锚索：在既有挡墙和新建抗滑挡墙上设两排共 90 根锚索，排间距 3m，倾角 20°，孔径 130mm，锚固段长 10.5m，锚索全长 16～21m。② 抗滑挡墙：在 K406＋941＋953 段和既有挡墙前设置抗滑挡墙，高 7～8m，底部 2m 以上采用 150 号浆砌片，上部采用 100 号浆砌片，新旧挡墙间用钎钉和锚索孔外钢绞线连接。挡墙底部设两排长 3m 的短锚杆。③ 斜孔排水：既有挡墙上钻 6 个排水孔，孔径 100mm，孔深 15～16m，孔上仰 3°，孔内放置外径为 80mm 的软式排水管，同时设泄水孔。④ 其他工程：既有干砌片石护坡改为 50 号浆砌片护坡。K406＋910＋953 段右侧边坡进行刷方，并用 50 号浆切片石护坡。

二、以抗滑桩为主的施工工程

抗滑支挡工程在 20 世纪 50 年代以前主要是挡土墙，到 20 世纪 60～70 年代，欧美国家及前苏联采用钻孔钢筋混凝土灌注桩做成抗滑桩，20 世纪 80 年代以来，鉴于直径 1.5～2.0m 的桩耗资巨大，开始采用小直径抗滑桩。同时，锚索工程在滑坡防治中开始广泛使用，这要比抗滑桩施工节省投资得多。但抗滑支挡建筑物见效快、安全可靠，在大型滑坡治理中，大直径抗滑桩仍然是必不可少的。现在在滑坡治理中大多采用锚索加抗滑桩联合使用，以降低造价。

我国从 20 世纪 50 年代起开始治理滑坡，开始主要考虑地下排水问题，如地面截水沟、排水沟、地下截水盲沟、盲硐、支撑渗沟等，辅以减重、反压和支挡工程。60 年代，在成昆线建设中，设计用大截面挖孔钢筋或钢轨混凝土抗滑桩获得成功，而且施工方便。70 年代后期又研究开发了排架杠、钢架桩、椅式桩墙等结构形式。80 年代以来，随着锚索技术的应用，开始大量应用“锚索抗滑桩”，可较普通抗滑桩节约投资 40%。

襄渝铁路白河车站杨家沟在 1974 年呈复活迹象，在治理工程中采用了当时还是新型工程结构的抗滑桩。其工艺流程为：开挖—出渣—绑、焊护壁钢筋—立模—灌注混凝土—养护—拆模。

主体工程为：在靠山一侧的挡土墙和汉江边各设抗滑桩一排（山坡上 17 根，汉江边 25 根），桩身截面 2.5m×3.0m 至 4.5m×5.5m，桩长 13.5～45.9m。为了节约，桩身主筋采用 43kg/m 的旧钢轨。该滑坡治理是在滑坡蠕动过程中采取工程施工的一个实例，虽然施工机具设备落后，但由于采用了比较实际的施工组织方法，确保了工程质量并提前竣工，运营达 15 年仍畅通无阻，这说明设计施工均经受住了考验。

三、综合运用的工程实例

当前的滑坡整治大都采用了“预应力锚索＋抗滑桩＋排水＋加压反载”等多种工程措施。在这里，仅以深圳市罗沙公路西岭山深路堑边坡病害整治和南昆铁路八渡车站滑坡的整治来总结滑坡的综合整治措施。

罗沙公路西岭山深路堑地处丘陵地带，1993 年 9 月至 10 月，北坡出现较大变形，局部松散坍塌。1994 年 7 月 22 日—8 月 7 日，南坡受暴雨影响在 K0＋909—K1＋00 段出现滑坡。对此，技术人员提出如下措施：① 排水疏干。② 路堑开挖后形成临空卸荷，容易引起边坡沿不利结构面下滑，必须采取支撑加固措施。③ 为防止雨水下渗，应采取坡面防护措施。④ 为控制下伏软弱带变形发展，对支护工程的基础进行压浆处理。⑤ 施工时有监测工程配合，保证及时预报。⑥ 施工中，如地质条件与设计不符，及时反馈。同时视必要性增加勘探，并变更设计。

根据以上原则，具体治理工程分为南北坡两处，施工顺序如下：

(1) 南坡：① K0+943+K1961 段采用预应力锚索钢筋混凝土框架。② K0+961−K1+003 与 K1+033−K2+116 两段采用普通抗滑桩和混凝土挡墙。③ K1+003—K2+033 段采用预应力锚索抗滑桩和混凝土挡墙。④ K1+116−K2+140 段设混凝土护坡。⑤ 挡墙和护坡下布设两排排水孔。⑥ 墙后压浆加固，护坡基础以下压浆深度不小于 6m。

(2) 公路面与平台之间为拆线，是抗滑桩与混凝土挡墙，刷方平台设地表截排水沟，坡脚设两排仰斜排水孔。

(3) 北坡：① K0+996−K1+074 段，采用预应力锚索钢筋混凝土框架。② K0+935−K1+966 和 K1+074−K2+110 两段，采用片石混凝土挡墙支护。③ 混凝土框架及挡墙下部设两排仰斜排水孔。

南昆铁路八渡车站滑坡是一个古滑坡，本来处于稳定状态，由于南昆铁路施工，滑坡于 1997 年 7 月复活。此滑坡规模巨大，滑体身后，总体积约 420 万 m^3。滑坡的整治工程包括：

(1) 支挡(锚)工程① 锚索桩及抗滑桩：线路左侧 100m 和 170—220m 设两排锚索抗滑桩 113 根，右侧 1997 年前原有抗滑桩 76 根，边坡加固桩 31 根，本次增设抗滑桩 4 根。② 线路左侧锚索桩顶设预应力锚索 231 根，右侧 2 号、3 号山头分别设预应力锚索 80 根、52 根，锚索平均长度为 56m，最长达 75m，开创了国内滑坡治理应用锚索长度之最。

(2) 地下排水工程① 地下泄水洞：线路两侧各设地下泄水洞一座。泄水洞净空为 1.7m×1.4m、1.9m×1.9m。设集水孔 30 孔。② 临时降水井：左侧设 7 孔，右侧设 6 孔。③ 2 号山头边坡设泄水孔 22 孔，孔深 10～50m。

(3) 地面排水工程　线路两侧铺砌纵横交错、网状布局的截水沟、自然沟、排水沟共 15 条。新增涵洞一座，并硬化路面，防止地表水下渗。

(4) 清方减载工程　线路两侧清方减载，同时实施坡面平整、种植草皮；2 号山头修整桩基，坡面浆护。

最终，又对锚索桩基混凝土质量进行了声波透视监测，结果表明，施工质量总体优良，滑坡灾害一次根治。后来，八渡车站的滑坡整治工程受到了铁道部的表扬与嘉奖。八渡车站的超深预应力锚索及深井挖孔锚索抗滑桩技术也开创了我国滑坡整治的先例，具有重要的理论和实践意义。

§2.5　崩塌与地裂缝

崩塌是指陡坡的巨大岩体或土块，因长期经受风化剥蚀作用，也可能受到振动或纯粹重力作用，使其脱离母体突然向下崩落的现象。在崩塌过程中岩体或土块顺坡猛烈翻滚、跳跃、相互撞击，最终堆积于坡脚。它与典型滑坡有四点区别：① 滑坡运动一般是缓慢的，而崩塌则猛烈急速得多。② 滑坡常沿着固定的滑动面或滑动带移动，而崩塌则不一定。③ 滑坡发生后，滑坡体保持原来的整体性，崩塌发生后岩体或土体的整体性则遭到完全破坏。④ 滑坡的水平位移大于垂直位移，而崩塌则相反。

崩塌的危害相对泥石流或滑坡来说要小一些，主要是对铁路运营的危害。崩塌落石一般发生在陡坡上，以危岩居多。除了黄土高原的黄土崩塌外，崩塌落石在我国西南西北山地也比较常见，铁路沿线以宝成线、川黔线、湘渝线最多。

崩塌落石的防治一般分为土质崩塌的防治与危岩落石的监测防治，而土质崩塌则主要以黄土崩塌为主。其中对危岩落石的监测防治将以实例的方式来介绍，最后将介绍最近几年出现的 SNS 柔性崩塌落石防护技术。

地裂缝是地质灾害之一。地裂缝主要是由构造运动、地震、地下水超量开采、地下采矿等作用形成的。据初步统计，我国有 12 个省(市、区)的 200 多个县、市有地裂缝存在。近年来，地裂缝灾害给人民生命财产造成了巨大的损失，也给技术界提出了治理地裂缝的课题。

2.5.1 西安地裂缝

一、西安地裂缝的概况

西安地裂缝沿着黄土墚分布，大多出现在黄土壤的南侧。地裂缝均为倾滑张破裂，由一条主裂和几条次级裂缝组成宽数米的破裂带，黄土墚在西安被称为“盆岭地貌”，其总的趋势是自南而北逐渐降低，在横剖面形态上南陡北缓，纵剖面上自东往西逐渐降低。多数地裂缝形成南降北升的地表陡坎，反映地裂缝里正断层式的运动，南盘相对于北盘下降，张裂水平位移小于垂直位移。在每条地裂缝各段上垂直差异运动的速率都有区别。据 1987—1988 年跨地裂缝的精密水准测量及蠕变仪的观测资料，出露地表的地裂缝速率变化范围为 0～44mm/a。1982—1984 年平均倾滑速率为 14mm/a。地裂缝的垂直运动有以下几个特点：① 垂直运动的间歇性；② 垂直运动的准周期性；③ 垂直运动的分段差异性。

地裂缝具水平张裂运动。地裂缝缝宽 0.3～8cm，10 条地裂缝张裂运动方向都与地裂缝的总体走向垂直，即 NNW 向。张裂运动的速率一般为 0～10mm/a。据 1986 年前的观测数据大致可以认为，张裂运动速率为垂直的 1/3，平均为 3mm/a。

西安地裂缝具水平扭动。由观测资料得知地裂缝有两种扭动，左旋和右旋，且两种出现的概率基本相等，扭动速率很小，一般比垂直速率低一个数量级。开始阶段，总是先出现若干互不相连接的小地裂段，长数十米至 100m 不等。它们的走向基本一致，彼此间隔数百米。随着地裂垂直位移和水平位移的增加，地表断坎逐渐明显，地裂段也各自向两端延伸、贯通，形成一条完整的地裂缝。

西安地区地裂缝发育具有阶段性和周期性。地裂缝的发育经历了 5 个阶段：① 雏形阶段(1959—1970 年)；② 形成阶段(1971—1976 年)(加速期)；③ 扩展阶段(1977—1981 年)(发生在 1977 年西安草滩地震之后)；④ 相对休止阶段(1983—1994 年)；⑤超常活动阶段(1995—现在)。西安地裂缝还表现出周期性特点。

二、西安地裂缝的成因

西安地裂缝发育在鄂尔多斯地块东南的汾渭地堑系中。地裂缝的成因，与渭河断陷盆地的构造背景有关，主要受西安地区 NE 向构造的伸展运动控制。在 NNW 向区域引张应力场作用下，以断块掀斜为主要活动形式的西安伸展断裂系的活动，是西安地裂缝形成和发展的构造本质。

由于长期过量抽汲同一层位的承压水，使水位下降了 50～80m，由此引起深层承压含水系统的压密，出现了严重的地面沉降，大大加速了西安地裂缝的发展。据多年跨断层水准测量资料，临潼-长安断裂活动速率为 3.98mm/a，而地裂缝自 1976 年前后，活动速率明显加快，可达

30mm/a，近期监测结果表明，地裂缝最大活动速率达 56mm/a，是断裂的 14 倍。据分层沉降标测量结果，在地裂缝强活动地段差异沉降量可占 90%以上，较强段 80%，一般均在 70%左右，说明地裂缝的活动 70%～90%是由非构造因素造成的。根据模型计算，抽汲地下水引起的活动量占 80%，构造活动占 7%～9%，随机因素影响占 5%以上。引起地裂缝的主要压缩层位在 104～367m 内。

三、地裂缝对西安的危害

西安地裂缝造成的直接损失是多种多样的，主要有地表工业与民用建筑损失；地下供水、供气管道设施破坏损失、道路破坏损失等。间接损失则更为严重，生产厂房、车间的破坏造成停产，管道的破坏造成停水、停电、停气、漏水、漏气引起环境恶化等。由于地面沉降和地裂缝活动灾害关系极为密切，地裂缝的产生客观上加剧了地质灾害的危害程度。地面沉降的积水下渗和非均匀差异沉降加速地裂缝的活动及其致灾作用，地裂缝则为积水下渗提供了通道，造成水污染和沉降沿裂缝快速发展。

目前西安地裂缝处于超常活动阶段，仍需要采取有力措施解决过量抽汲地下水的问题，以控制地裂缝和地面沉降的发展。

2.5.2 大同地裂缝

一、大同地裂缝概况

1983 年大同就发现地裂缝，当时在大同机车工厂生活区发育了长 1.3km 地裂缝，10 多年来，地裂缝不断发展。目前发现大同市地裂缝已有 7 条，总长度 20.6km。地裂缝实质是由多条次级地裂缝组成的地裂缝带。一般宽 10～30m，个别 40m，在平面上形态多种多样，有羽状、树枝状、网格状、直线状、锯齿状和波状等。

二、大同地裂缝的成因

通过探槽剖面证实，大同市地裂缝带均位于断裂带之上，主地裂缝与断层以重接形式复合在一起，反映两者具有生成联系。也就是说，地裂缝本身具有正断层的性质，它属于断层的最新成分。单体地裂缝的形态呈张开状态，无论是主裂缝还是次级裂缝，均具有一定的张开量。地裂缝性质主要表现为张性，但兼有扭动性质。地裂缝带的形成方式为多级逐渐相连，贯穿成带，最低级地裂缝一般为羽状、雁行和斜列式，追踪发育成锯齿状、藕节状，最终形成波状或弧形的裂缝带。地裂缝的形态组合特征和调查统计资料表明，大同市地裂缝活动方式表现出三维特征，垂直差异升降、横向水平拉张和走向上的水平扭动同处一体，NNE 向地裂缝为右旋扭动，NE—NNE 向地裂缝为左旋扭动，这与区域构造应力场的作用方式相吻合。与西安地裂缝相似，新构造活动使大同地裂缝表现出强烈的活动。1989 年和 1991 年大同—阳高两次地震，加剧了地裂缝的扩展。另外随着工农业的发展和城市居民需水量的急骤增长，地下水开采逐年增加，地下水位持续下降，形成大面积的地下水漏斗。强采地下水加速了地裂缝的活动。据观测，大同地裂缝的垂直升降速率为 10mm/a，主要原因是地下水开采和地质构造运动。

三、大同地裂缝的危害

地裂缝是大同市的主要地质灾害类型之一。地裂缝已造成住宅、办公楼、车间、学校等地面建筑遭到毁坏，地下管道开裂，铁路扭曲变形，公路变形开裂，站台、涵洞、人防工业遭到破坏的事件时有发生。因此，地裂缝不仅造成了巨大的经济损失，而且造成了严重的社会影响。

§2.6 三峡地区地质灾害概况

滑坡、崩塌和泥石流是三峡地区的主要地质灾害类型。据有关资料介绍，宜昌—江津间长江干流各县(市、区)移民区规模较大的滑坡、崩塌体有1 153处，变形体299处，总共约1 500处，有1 085处滑坡体积为37.4亿m^3，沿岸299处变形体面积60.34km^2。滑坡以云阳、万县市山区、巫山、奉节等县(区)的数量最多，危害程度也最大。据最新研究，在奉节、巫山等地还发育有岩溶形成的大型古滑坡。而且滑坡还在不断增加。在1998年8月的暴雨季节，发生了重庆马牛镇滑坡，马牛镇滑坡面积为2.5km^2，方量达1亿m^3，滑坡前有161户，滑坡造成直接经济损失几千万元。1998年6—8月，在湖北省巴东县发生了白岩沟滑坡、铜盆溪岩崩、鲁家湾滑坡等。1999年8—9月，在巫山旧城发生了沿江滑坡和地面变形，造成3 000多人受灾。滑坡、崩塌发育受地区地层岩性、地质构造和地貌及其组合关系等条件控制，造成了空间分布的明显差异。库区沿岸的秭归沙溪镇—范家坪、奉节李家坝—云阳故陵镇、云阳大河沟—兴隆滩和万县城区附近等库岸段崩滑体发育数量最多、斜坡的稳定性也最差。在发育时间上有受降雨入渗、地震、人类工程活动和洪水冲刷、掏蚀等触发因素制约的特点，其中尤以降雨入渗的影响最为频繁、明显。1975年雨季，秭归发生滑坡、崩塌成灾的达800余处；1982年7月暴雨期，万县市各县(区)发生大小崩滑体8万余处；1993年7—8月，万县市各县(区)再次发生崩滑体1.1万处。长江三峡地区滑坡、崩塌灾害的危害十分严重。1982年7月15日至30日的崩滑体，使万县市各县(区)20余万户约100万人受灾，毁坏耕地10万亩，房屋3.6万间，造成1.4万户人无家可归。1993年7月至8月，万县市发生的崩滑体灾害，毁坏耕地19.8万亩，房屋5.63万间，3 800多户人无家可归，各类经济损失1.8亿元。云阳县1993年因滑坡灾害受灾农户达25.13万户，人口达91.37万人，分别占农户的47.6%，占农业总人口的48.1%。各类经济损失达8 890万元。各基本建设工程受滑坡、崩塌灾害的危害也十分严重，其中交通工程和城镇受灾最为突出。知名的新滩滑坡，历史上曾经有过多次复活滑动，如1026年、1542年和1985年等都曾造成长江断航，其中1026年滑动造成断航21年。1982年鸡扒子滑坡堵江，也曾一度断航，后用8 000万元，采取在河底挖掘堆积物、沿岸压脚、滑坡表面排水等综合措施，才使航行得以恢复。川东地区的公路"晴通雨堵"的现象十分普遍，一方面是由于公路等级差，雨天土路难行，另一方面则是因为滑坡、泥石流堵塞和洪水冲毁而无法通行。

在三峡库区2 000km^2的范围内，已发现大小泥石流沟90条，其中奉节、巫山和云阳三县约占79%。最大的泄滩沟长17.9km，汇水面积8 781km^2。90条中有32条产生过不同程度的泥石流灾害。32条沟的汇水面积约487km^2，占总库区面积的2.4%。有13条沟的泥石流从干流库岸直接入江，在江中形成"滩"或"碛"。泥石流主要为暴雨型，具低频率间歇、暴发性特点。泥石流不仅毁坏耕地，而且影响长江航运、道路交通或危害人民生命财产，也是中下游地区泥沙来源、河道淤积的原因。在库区有6处危岩体，其中对库坝威胁最大的是链子崖危岩体(图2-1)，"八·五"期间原地质矿产部投资7 000万元进行了治理工作。

§2.7 崩滑流灾害的防治措施概述

地质灾害的形成都有灾害源与受灾体，这就决定了防治崩滑流灾害的基本途径主要有两

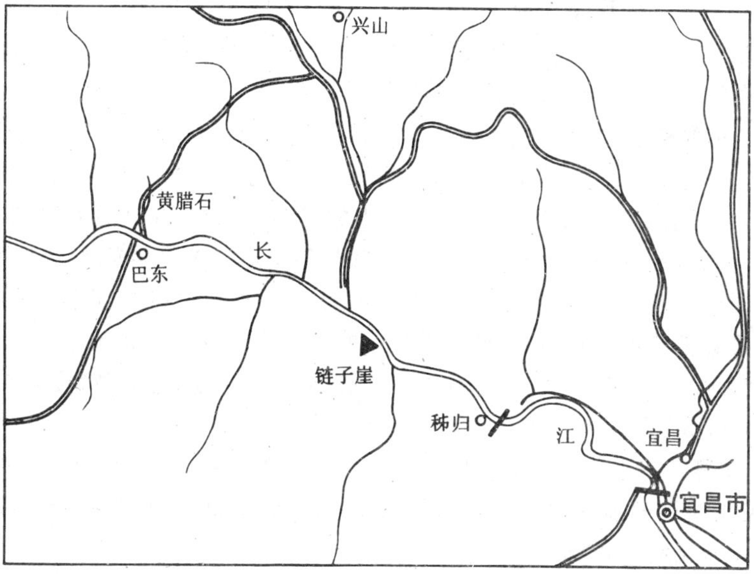

图 2-1　链子崖危岩体和黄腊石滑坡位置图

方面:第一是限制灾害源,消除或削弱灾害源的活动能量,解除或缓解灾害活动的威胁;第二,对受灾体采取保护防避措施,使其免受灾害破坏,或增强对灾害的防御能力。

一、防治崩滑流灾害的具体措施

保护和治理区域地质环境,削弱灾害活动条件。其基本措施是根据区域内条件,科学地进行资源开发与工程建设活动,特别注意合理利用土地资源、水资源、生物资源,避免过度开发。在广大山区应广泛开展植树造林活动,治山治水,涵养水土,防治水土流失。

加强地质灾害勘察,弄清地质灾害的分布情况与形成条件。合理制定城镇规划,选择工程建设场地,尽可能避开地质灾害危险区;对于必须在地质灾害危险区实施的工程建设,应制定防灾规划,实施预防措施。

对重要的受灾体实施专门性防治工程。

加强灾害预测与检测,根据情况及时疏散人口、财产,或采取其他措施最大限度地减少灾害损失。

二、崩滑流灾害的一般防治措施

1. 崩塌(危岩)的防治措施

(1) 清除危岩:对于规模小、危险度高的危岩体可采取静态爆破或手工方法清除,消灭隐患。

(2) 部分削坡:对于规模较大的危岩体,难以全部清除其隐患,可以在危岩体上部清除部分岩土体,降低临空面高度,减小坡度和减轻上部荷载,提高斜坡稳定性,从而降低危岩的危险程度。

(3) 排水防渗:在危岩及其周围地带,应修建地面排水系统和堵塞裂隙空洞,以排走积水,减少崩塌机会。

(4) 加固斜坡、改善危岩体或土体结构:可以采取灌浆加固,增强岩体完整性,或采取支撑墩、支撑墙、支撑竹凳等支撑措施防治塌落,或采用锚索或锚杆加固危岩体,还可采取喷浆护壁、嵌补支撑等加强软基的加固方法。

(5) 拦截:对于在预计发生活动的坠石、剥落或小型崩塌活动,可在岩土体滚动的路径上修建落石平台、落石槽、挡石墙等,以拦截落石。

(6) 遮挡:通过修建名硐、棚硐等设施来对工程进行保护。

(7) 加强监测预报:① 危岩体形变监测。通过地面观察、形变测量、地形倾斜测量、综合自动测量等方法从外部监测岩体位移、地面倾斜、裂缝变形等现象。采用钻孔倾斜测量、电测、声发射测量、地应力测量等方法从内部监测岩体内部位移变形。② 激发崩塌活动的要素监测。包括雨量监测、水文动态监测、地下水监测、地震监测等。③ 综合分析与预报。分析斜坡稳定程度,建立危岩变形数值模型,确定崩塌的临界值,如有可能,建立预警系统。

(8) 躲避灾害:对于危害严重、防治困难的建筑,应选址搬迁,避免受害。

2. *滑坡灾害防治措施*

(1) 消除或减轻地表水、地下水对滑坡的诱发作用。修建排水沟,减少进入滑坡体的水量,并及时将滑坡发育范围的地表水排除;或修建截水盲沟和支撑盲沟,开挖渗井或截水盲洞,敷设排水管,实施排水钻孔等,拦截疏导地下水。

(2) 改善滑坡状况,增加滑坡平衡稳定条件。在滑坡上部削坡减重,坡脚加填,降低重心;或修建抗滑柱、抗滑墙、抗滑洞,阻止滑坡体移动;或实施锚固工程,加固滑坡;或采用焙烧法、电渗排水法、灌浆法等措施改善滑坡体岩土性质,提高软弱岩土层强度。

(3) 加强监测预报:通过地面观察、变形测量、地面倾斜测量、综合自动监测等方法监测裂缝变形、滑坡体水平位移、垂直位移及树木、房屋等工程设施变形;采用倾斜仪测量、短基线测量、地应力测量等监测滑坡体内部变形位移情况;同时,进行降水监测、水文动态监测、地下水动态监测、地震监测等,实施对激发滑坡活动的外界要素的监测。还有,要分析斜坡稳定性,建立滑坡变形模型,确定剧滑的临界值,建立预警系统,进行有效的灾害预测。

(4) 躲避搬迁:防治困难的工程,可以重新选址或搬迁。

3. *泥石流灾害防治措施*

(1) 实施生物工程保护水土,削弱泥石流活动的条件。保护森林植被,合理耕牧,严禁乱砍滥伐,提高植被覆盖率。

(2) 实施工程措施,限制泥石流活动。修建拦挡、排导、停淤、沟道整治等工程,削弱泥石流的破坏能力,对于泥石流地区的铁路、公路、桥梁、隧道、房屋等建筑,进行防护或规避,抵御或避开泥石流的危害。

(3) 监测预报。利用遥感技术,结合长期气象资料分析,进行中长期预报。同时利用降雨预测进行短期和临灾预报。此外,还可利用泥石流遥测地声警报器、泥石流超声波泥位警报器、地震式泥石流警报器等仪器直接监测泥石流活动,并进行临灾警报。

(4) 同样,对于难以防护的工程建筑,要躲避搬迁。

4. *崩塌落石的SNS柔性防护系统的简介*

当前,在我国新建及运营铁路沿线常会碰到崩塌落石之类的地质灾害,由于点多、面广、线长等特点,防护治理非常困难,长期以来成为威胁山区铁路正常运营的主要灾害之一。在崩塌落石规模大且发生频繁的区域线路,采用线路绕避等方案可能是最为有效而彻底的防治措施,但它必然带来工程投资的明显增加。以混凝土、石材等构筑的拦石墙或由木材、钢材(废旧钢轨、型钢)和金属格栅构成的拦石栅栏,是我国过去崩塌落石的主要拦截手段,但是这些结构的抗剪能力弱、自稳性较差或整体刚性较高,其抗冲击能力都较小,仅适合于拦截低能量的小块落石，而且建筑物因常需设置宽大的基础而要额外开挖，这破坏了后侧坡体的稳定性和原始的地貌植被。因此，寻求一种技术上先进可靠、经济上合理、施工灵活方便快速且不影响行车或其他工程作业的防治方法成为当务之急。

由布鲁克（成都）工程有限公司引入我国的SNS柔性防治新技术，通过这几年在国内一些矿山、水电站及宝成铁路复线等工程应用实践中，已证明基本上能满足对防治技术的要求，并逐渐被国内工程界所接受。下面对这项技术与传统崩塌落石防治技术相比的经济技术优势做一个简单介绍。

SNS拦截式被动防护系统　该系统是一种能拦截和堆存落石、以具有足够高的强度和柔性的钢丝网为主体的金属柔性栅栏。它以落石所具有的冲击动能为主要设计参数，开发了足以应付各种形式和规模崩塌落石的不同标准化形式（防护能量40～2 350kg并能对5 000kg的更高能级进行特殊设防）；它能在系统设计弹性范围内安全地吸收落石的动能并将其转化为系统的变形能加以消散。它在设计上不仅考虑了易于安装，同时考虑了在悬崖的恶劣地形条件下实现安装，即用最少的锚杆实现最快速的安装。整个系统由钢丝绳、减压环、支撑绳、钢柱、锚杆五部分构成。

钢丝绳——钢丝绳是系统的主要构成部分，且往往是遭受冲击的第一部分。由于钢丝绳有非常高的强度和弹性内能吸收能力，只要对落石的特征进行了正确的分析，大多数情况下它是不需要维护的。此外，钢绳网由热镀锌的高强钢丝绳加工而成，目前设计寿命可达30～50年。

支撑绳和减压环——冲击荷载必然从钢丝绳传至支撑绳，故而支撑绳设计上确保有足够的减压能力。在特定位置设置减压环的双支撑绳结构，实现了能量消散、绳网下垂和维护需求间的最佳平衡。

钢柱和锚杆——钢柱的主要作用是作为系统的直立支架，钢柱与基座间的可动连接确保了钢柱受冲击时基座免遭破坏；与各拉绳相连的柔性钢绳锚杆，其带套管的环套设计能最好地吸收高冲击荷载，尤其在锚杆轴线与其受力方向不在同一直线上时，这种锚杆形式具有最好的自适应能力。

当崩岩冲击拦截网时，其冲击力首先通过网的柔性得以消散，剩余荷载从冲击点向绳网系统周边逐级加载，最终传到锚固基础和稳定地层，由锚杆及其基础承受的最终荷载已达到很小的程度。在该系统开发过程中，除进行理想化条件下的理论计算均衡设计外，还进行了大量的室外实验来实现标准化和均衡化设计，从而通过系统施工作业标准化、快速化和设计最优化来达到SNS防护系统科学、经济和安全可靠的目的。

SNS被覆系统通过锚杆和支撑绳固定方式将钢绳网覆盖在有潜在落石崩塌灾害的坡面上，从而实现防止崩塌落石危害的目的。被覆式主动防护系统，其固定系统由锚杆和锚杆间支撑绳构成，通过固定在锚杆或支撑绳上并施以一定预张拉的钢绳网对整个边坡形成连续支撑。其预张拉作业形成了阻止土体或岩块移动的预应力，从而实现主动治理功能。系统的传力过程为“钢绳网—支撑绳—锚杆—稳定地层”。该系统在作用原理上类似于喷锚支护，但其柔性特征能使系统承担较大的下滑力，并将局部集中下滑力向四周均匀传递，以充分发挥整个系统的防护能力；对坡面形态特征无特殊要求，不破坏坡面原始形态且其在一定条件下可配套实现坡面人工植被防护。

被覆式被动防护系统，其与主动防护系统的主要差别在于无须对钢丝绳网系统进行预张拉，仅自然被覆于坡面上来限制落石的运动范围，而不是阻止崩塌落石的发生，从而使落石在控制条件下顺坡而下直至坡脚或坡上平台而不危及安全防护区域，在功能上与拦截式被动系统相同，它对崩塌落石发生区域集中、频率较高的陡边坡是一种非常有效而经济的方法，有时甚至可仅将钢绳网系统直接悬挂于坡面上。该系统除主要用作边坡岩崩防护外，还可用作爆破飞石防护。它与SNS柔性拦截式被动防护系统相比的优点是清理工作方便，且两者在一定条件下可联合应用。

SNS系统的基本特征。根据以上介绍，可总结出SNS系统的以下基本特征：① 系统所特有的足够高的柔性和强度，使其能防止传统措施不能实现的高能量崩塌落石的防治；② 设计思想先进，特别是拦截式被动系统的设计，采用落石所具有的冲击动能作为主要设计选型指标，避免了通常采用冲击荷载指标的不确定性；③ 对各种工点的原始地貌具有极强的适应性，可以在不做额外开挖的条件下进行设计施工，不破坏坡体原有稳定性和坡面原有植被，并可实现人工绿化；④ 在适应目前建筑构件工业化的法则趋势方面，SNS系统实现了产品标准化系列，它还在野外只需直接装配，既提高了工程施工效率，又因批量生产而降低了造价；⑤ 系统结构轻型化，材料运输方便，施工简便易行；⑥ 视觉干扰小，不破坏自然环境；⑦ 系统维护工作量小且简便易行；⑧ 采用特殊防腐技术，确保其长期使用寿命。

SNS柔性防护系统的开发使用主要是针对传统圬工结构刚性较大、抗冲击力弱、结构物庞大笨重和施工过程对坡面破坏性较大等缺点而提出的，它与圬工结构为代表的传统方法的主要差别在于系统本身具有的柔性和高强度，更好地适应抗击崩塌落石的高冲击荷载作用以及不规则坡面的可靠而灵活的主动被覆，且在大量的室内外试验和理论分析计算基础上建立的系统标准化部件形式，使系统的设计计算原理趋于科学化和标准化，确保了系统的安全可靠和结构的轻型化以及系统生产和施工作业的工厂化、快速化、标准化，而且能实现与其他单位工程的平行作业。此外，系统设置后的较小视觉干扰和最大限度的维持原始地貌、植被，甚至可进行人工绿化，所以它在美化环境方面的社会效益是其他方法无法比拟的。总之，SNS柔性防护技术是当前整治崩塌落石的有效措施之一。

§2.8 我国地质灾害调查工作重点介绍

江泽民总书记在中央人口、资源、环境工作座谈会上明确指出："在世纪之交，促进我国经济和社会的可持续发展，必须在保持经济增长的同时，控制人口增长，保护自然资源，保持良好的生态环境。这是根据我国国情和长远发展的战略目标而确定的基本国策。人口众多，资源相对不足，环境污染严重，已成为影响我国经济和社会发展的重要因素。"朱镕基总理也指出："计划生育、环境保护、资源保护和合理利用，都是我国的基本国策，必须年年下大功夫狠抓落实。""保护和合理利用自然资源已到了非解决不可的时候了。……国土资源、水资源和矿产资源的问题尤为突出，再这样下去几乎要发生危机。"

为实现国民经济可持续发展，保持一个良好的生态环境十分重要。地质灾害作为一种严重威胁人民生活和破坏生态环境的灾害，必须结合我国经济社会生产力发展布局和社会的经济能力，制定一个长期的地质灾害治理计划，开展重要经济区、重要交通干线崩塌、滑坡、泥石流等突发性地质灾害的评价和预警，开展地质灾害形成机理、时空分布与地壳变形的调查研究，建立重点地区典型地质灾害示范性监测网站和数据库，切实保障人民生命财产的安全。

主要工作重点是：

(1) 为了保证三峡工程和库区移民安置工作安全进行，开展崩塌、滑坡、泥石流等突发性地质灾害的调查评价工作。

（2）查明长江三角洲地面沉降、地面塌陷、地裂缝、渍害、土地盐渍化等地质灾害和环境效应，进行地质灾害预测预警。通过对上海市、苏锡常和杭嘉湖地区地下水资源合理开发与地质灾害调查评价基础上，基本查明城市化与人类经济工程活动引起的地质环境效应；调查全区地面沉降、地面塌陷、地裂缝等地面形变的影响程度和危害，研究地面沉降与地下水过量开采等之间的关系；建立地面沉降预测预警系统。

（3）在灾害多发区，如洞庭湖-江汉湖群和鄱阳湖等主要水患区、黄河悬河整治、中俄界河边岸坍塌等开展地质灾害调查评价工作。

（4）在地质环境脆弱地区和重要经济区、重要城市及主要交通干线、大江大河沿岸地质灾害频繁发生的典型区段，建立地质灾害监测示范网站。

（5）查明我国北方荒漠化地区的生态环境地质现状和发展趋势，重点调查我国北方荒漠化的现状和分布规律、产生的地质背景及发展变化趋势。

第三章 桩技术

桩技术是目前在我国基础设施建设和地质灾害防治工程中应用最广、技术最成熟的一种手段之一。改革开放以来，我国基本建设投资剧增，工程项目遍布大江南北，一些中心城市成了建设的工地。由于我国幅员辽阔，地质条件千差万别，急需基础处理技术的快速发展，在这种背景下，我国桩技术得到了充分的发展，技术日臻完善，很好地满足了经济建设发展的要求。20世纪 80 年代以来，随着我国对地质灾害的重视，这项技术逐步引入了灾害防治领域，取得了令人满意的成果。

§3.1 桩的发展史

1982 年，在智利挖掘的文化遗址中发现的桩距今约一万二千多年；我国浙江省姚县河姆渡原始社会遗址出土的桩，距今约六七千年。大口径灌注桩包括人工挖孔桩和机械钻孔桩两大类。人工挖孔桩于 1893 年在美国问世，人称为“芝加哥式挖孔桩”。由于工艺简单，至今仍在世界各地使用。钻孔灌注桩是在 20 世纪 40 年代初期随着机械钻孔设备的发展而产生的，最早出现在美国。第二次世纪大战以后，世界各地经济建设蓬勃发展，高层、超高层建筑物不断增多，地基基础工程大量采用钻孔灌注桩。20 世纪 70 年代以来，钻孔灌注桩技术得到广泛应用。我国应用大孔径钻孔灌注桩技术始于 20 世纪 60 年代，但是主要在桥梁、港口建筑工程，80 年代以后在全国各地及基础工程建设领域得到普遍应用，成为现代工程建设领域中一种最有效的基础处理方法。随着科学技术的发展，大孔径灌注桩的类型、施工方法越来越多，技术手段越来越先进，成为 21 世纪土木工程领域中最有希望的技术方法之一。

§3.2 桩的种类

随着地基基础工程技术的发展，桩的类型越来越多，分类方法也多种多样。我们根据陈仲颐等编著的《基础工程学》进行分类说明（图 3－1）。

按施工方法划分：预制桩、就地灌注桩；

按制桩材料划分：钢筋混凝土桩、木桩、钢桩、碎石桩；

按桩承台位置划分：高桩承台和低桩承台；

按桩的荷载传递划分：摩擦桩、端承桩；

按桩的排土作用与否划分：排土桩、不排土桩；

按桩的直径大小划分：微桩（直径小于 250mm）、普通桩（直径在 250～800mm 之间）、大口径桩（直径大于 800mm）。

下面是英、美等国家对桩的划分（图 3－2）：

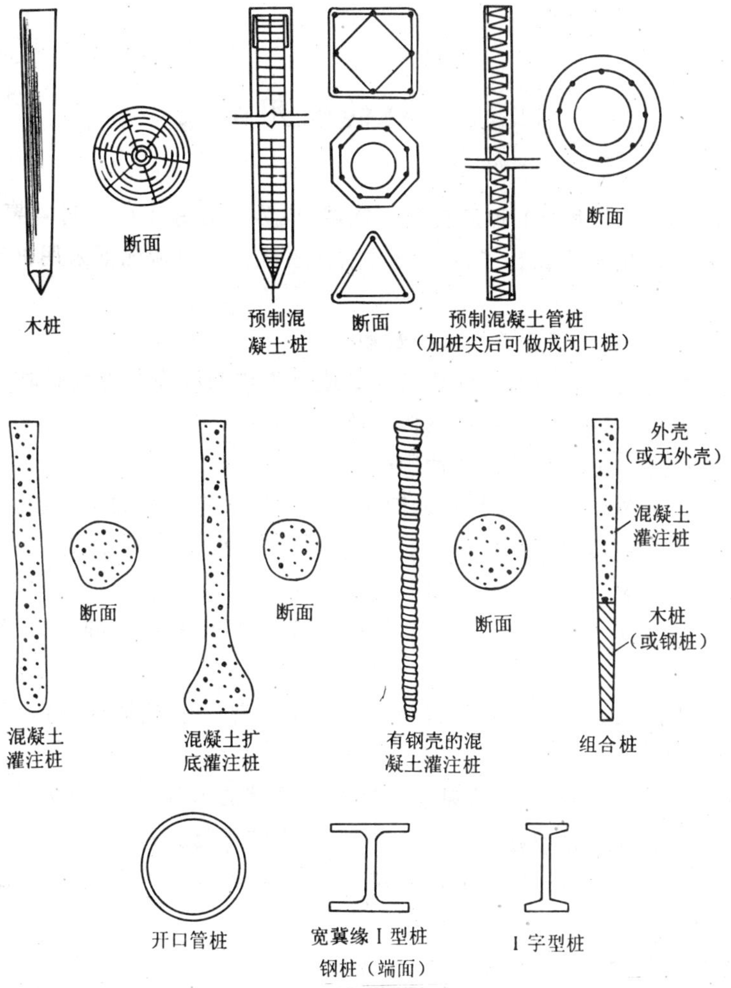

图 3－1　桩的类型

排土桩（打入桩）

1. 木质桩（圆形或方形截面、整根的或拼接的）
2. 预制混凝土桩（实心或空心的，整根的或拼接的）
3. 预应力涨凝土桩（实心或空心）
4. 钢管桩（闭口打入）
5. 箱形钢桩（闭口打入）
6. 槽形或锥形钢管桩
7. 闭口端压入钢管桩
8. 压入的实心混凝土圆柱形桩

排土桩（打入式灌注桩）

1. 打入钢管桩（灌好混凝土后拔出钢管）
2. 预制混凝土空心桩（而后灌入混凝土）
3. 薄壁钢壳用可拔出的芯棒打入，而后灌入混凝土

少量排土桩

1. 预制混凝土桩（管状截面开口打入或十字形截面）
2. 预应力混凝土桩（管状截面开口打入或十字形截面）
3. H 型钢桩
4. 钢管截面桩（开口打入后，按要求将土取出）
5. 箱形断面型钢桩（开口打入后，按要求将土取出）
6. 螺旋桩
7. 螺旋圆柱形桩

不排土桩

1. 用螺旋钻、冲击钻以正循环或反循环法钻孔而后灌注混凝土（钻孔灌注桩）
2. 将管下到已钻好的桩孔中，必要时再灌注混凝土
3. 将预制涨凝土桩身下到钻孔中
4. 将水泥砂浆喷射到钻孔中
5. 将型钢放入钻孔中
6. 将钢桩钻入土中

图 3－2　英、美等国对桩的划分

§3.3 桩的使用范围

当前，桩基础已广泛应用于工程建设各个领域，成为基础施工中一种重要手段，对经济社会发展和人们生活水平的提高做出了巨大的贡献。通常在下列情况下采用桩技术：

(1) 当地下水位很高时。

(2) 处于边坡、海滨的重要建筑物和构筑物。

(3) 当建筑物或构筑物对地面沉降要求很高或对不均匀沉降非常敏感时。

(4) 当建筑物需要将巨大的集中荷载传递给基础时。

(5) 当建筑物的地基土易被侵蚀或冲刷时。

(6) 在目前桩技术条件下，准备修建的建筑物地基下面有可靠的岩土层。

(7) 当上部建筑物或堆积物需要较大的垂直和水平向的荷载时。

当存在下列工程条件时，宜采用灌注桩：

(1) 桩端持力层坡角变化较大，土层厚薄不均、岩石风化程度差异较大、地层成因及构造复杂时。

(2) 地基上部土层满足不了建筑物设计荷载要求而需将基础埋置很深，采用预制桩又因桩身太长施工困难时。

(3) 持力层为基岩，桩端必须进入基岩才能获得足够的承载力，并防止过大沉降时。

(4) 地基土内夹有大孤石或存在硬夹层，采用打入桩不易穿过时。

(5) 河床冲刷较大、河道不稳，冲刷厚度难以计算准确，采用浅基础施工困难、不能保证安全时。

(6) 地基土为粘土、粉土、砂土、基岩地层时。

§3.4 桩的设计

一、桩的设计原则

建筑物安全等级如表 3-1 所示。

表 3-1 建筑物安全等级

安全等级	破坏后果	建筑物类型
一级	很严重	20层(体型复杂的14层)以上高层建筑；重要工业与民用建筑物；对桩基变形有特殊要求的工业建筑物；单桩承受的荷载在4 000 kN以上的建筑物
二级	严重	一般的工业与民用建筑物
三级	不严重	次要的建筑物

二、桩的布置

桩的中心距规定。一般采用3～4倍桩径。通常规定，预制桩的最小间距为 $3d$(d 为桩径)，对于灌注桩，则必须符合表 3-2 要求：

表 3-2　灌注桩的最小中心距

灌注桩的最小中心距				扩大端最小中心距
成桩工艺及土类		排数超过 3 排(含 3 排)，桩数超过 9 根(含根)的摩擦桩基础	其他情况	
非挤土和部分挤土		$3d$	$2.5d$	
挤土灌注桩	穿越非饱和土	$3.5d$	$3d$	
	穿越饱和土	$4d$	$3.5d$	
钻、挖孔灌注桩				$4.5D$ 或 $D+1\text{m}$($D>2\text{m}$ 时)
沉管扩底灌注桩				$3d$

注：d—桩身设计直径，D—扩大端设计直径

一般应选择较硬土层作为桩端持力层。对于粘性土、粉土不应小于 $2d$，砂土不应小于 $1.5d$，碎石类土不应小于 $1d$。当存在软弱地层时，桩基以下硬岩持力层厚度不应小于 $4d$。

三、桩的构造

1. 配筋的要求

当桩身直径为 300～1 200mm 时，截面配筋率可取 0.65%～0.20%(小桩径取高值，大桩径取低值)。对受横向荷载特别大的桩，抗拔桩和嵌岩端承桩根据计算确定配筋率。

配筋长度：

纯端承桩应沿桩身通配筋；

受横向荷载的摩擦型桩，配筋长度一般采用 $4/\alpha$(α 为桩的横向变形系数)；

对于单桩承载力较高的摩擦端承桩应沿深度分段变截面配筋；

对于承受负摩擦阻力和位于坡地岩边的基桩应通长配筋。

混凝土强度：

混凝土强度不得低于 C15，水下灌注不得低于 C20。

桩长与设计桩径比 l/d(简称长径比)一般应符合表 3-3 要求：

表 3-3　桩的长径比

桩型	穿越一般粘性土、砂土	穿越淤泥、自重湿陷性黄土
端承桩	$l/d\leqslant 60$	$l/d\leqslant 40$
摩擦桩	不限	不限

2. 桩承台的形式和要求

(1) 独立柱桩基和满堂桩基的承台，可以采用三角形、矩形、多边形、圆形和环形。承台厚度不应小于 30cm，周边与边桩的净距不小于 0.5 倍桩径。

(2) 承台混凝土与配筋应符合下列要求：混凝土标号应采用 150～200 号。钢筋不宜小于 Φ10，箍筋不小于 Φ6，板式承台双向配筋不小于 Φ8。

(3) 承台钢筋的混凝土保护层厚度，一般不小于 5cm。

桩基荷载效应计算：

桩轴心荷载下的竖向力计算公式：

$$N_i=(F+G)/n$$

桩偏心荷载下的竖向力计算公式：

$$N_{\max}=\frac{F+G}{n}+\frac{M_X Y_i}{\sum_{i=1}^{n} Y_i^2}+\frac{M_Y X_i}{\sum_{i=1}^{n} X_i^2}$$

$$N_{\min}=\frac{F+G}{n}-\frac{M_X Y_i}{\sum_{i=1}^{n} Y_i^2}+\frac{M_Y X_i}{\sum_{i=1}^{n} X_i^2}$$

横向力计算公式：

$$H_i=H/n$$

式中：F——作用于桩基承台顶面的竖向荷载设计值(kN)；

G——桩基承台和承台上土自重设计值(kN)；

N_i——第 i 合作基桩或基桩竖向力设计值(kN)；

$N_{\max}$、$N_{\min}$——作用于复合基桩或基桩的最大、最小竖向力设计值；

M_x、M_y——作用于承台底面的外力对通过桩群形心的 X、Y 轴的力矩(kN·m)；

X_i、Y_i——第 i 复合基桩或桩基至 Y、X 轴的距离；

H——作用于桩基承台地面的横向荷载设计值(kN)；

H_i——作用于任一复合基桩或桩基的横向力设计值(kN)；

n——桩基中的桩数。

§3.5 桩的施工工艺与设备

1. 施工前准备

(1) 工地工程地质资料；

(2) 施工图；

(3) 场地和邻近区域内的各种线路、管路、地下构筑物等调查资料；

(4) 主要施工设备及其配套设备的技术性能；

(5) 桩基工程的施工技术措施；

(6) 有关试验资料。

2. 施工技术的主要内容

施工平面图：标明桩位、编号、施工顺序、水电线路和设施位置以及循环系统；

确定成孔机械、配套设备以及合理施工工艺的有关资料；

施工作业计划和劳动组织规划；

机械设备、配件、工具、材料供应计划；

主要施工的试运转、试成孔、试灌注计划；

保证安全生产、工程质量等其他的有关措施。

3. 工艺方法适用范围

随着施工设备的发展，针对各种不同的施工条件，开发出了一批不同的工艺方法(表 3-4)。目前主要有循环钻进法、螺旋钻进法、人工挖孔法、冲击回转法以及冲、抓成孔法。这些施工方法在我国已广泛使用，取得了显著的效果，成为解决工程建设领域中重大基础问题的主要手段。是目前土木工程界最活跃的领域之一。

表 3－4　工艺方法适用范围

工艺方法	适　用　地　层	成桩直径(mm)
循环钻进法	粘性土、粉土、砂土、碎石类土、强风化岩、软岩	500～2 200
螺旋钻进法	地下水位以上的填土、粘性土、粉土、中等密度以上的砂土	300～2 000
人工挖孔法	适宜无水或渗透水量较少的填土、粘性土、粉土、砂土、分化岩	800～3 000
冲击回转法	各类土层及风化岩、软质岩	500～2 000
冲、抓成孔法	填土、粘性土、粉土、砂土、碎石类土、砂卵石、强风化岩	800～2 000

图 3－3 是典型的沉管灌注桩施工程序示意图。

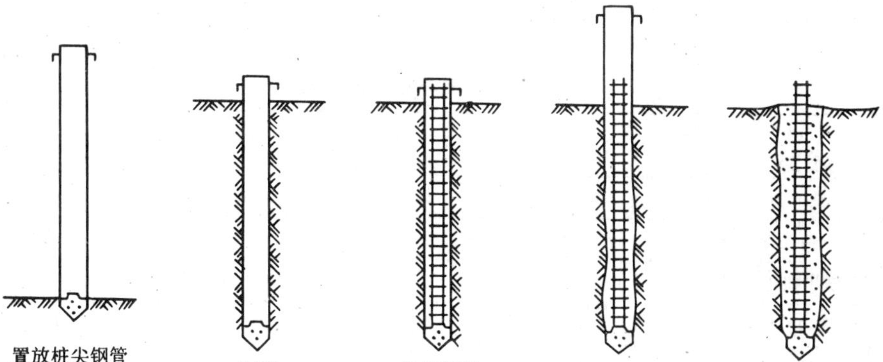

图 3－3　沉管灌注桩施工程序示意图

4. 基桩成孔原理

循环钻进法主要有正循环回转钻进成孔、反循环回转钻进成孔两种。判别循环方式是看泥浆的循环方向。正循环回转钻进成孔是钻机驱动钻具回转钻进的同时，冲洗液沿钻杆与孔壁之间的外环空间上升至孔口，再到泥浆沉淀池。反循环回转钻进成孔，泥浆的流向是从地面沿钻杆与孔壁之间的外环空间流向孔底，冲洗钻头，清洗孔底，沿钻杆中心孔上升，返回地面。

螺旋钻进法，是利用螺旋的原理将钻进过程中的土携带出孔内。

人工挖孔法，是利用人力并借助工具挖掘成孔。

冲击回转法，是使用泥浆动力，利用特殊设计的冲击器，产生的高频率震动破碎孔内岩石的方法。

冲、抓成孔法，是利用特殊机械设备，破碎孔内岩石和抓出孔内的岩屑。

5. 施工设备

随着技术的发展，近年来钻孔机械设备越来越先进，基本上能够满足桩基技术发展的需求，可以说在地基基础工程领域，桩基技术是最成熟的技术。设备基本上配套齐全，种类繁多，设备价格合理，有些技术方法和装备已在国际工程领域得到应用，创造了较好的经济社会效益。表 3-5、表 3-6 列举了常用的两种主要工艺方法所使用的设备的技术性能参数。

表 3-5　国内正循环钻机的技术性能参数

参数＼型号	SPJ-300	SPC-300H	GJC-40H	S-300	S-600	TSJ-1 000
钻孔直径(mm)	500	500	500～1 500	650	650	800～1 500
钻孔深度(m)	300	200～300	300～400	400	600	50
钻杆直径(mm)	89	89	89	114	114	
正转速(r/min)	40,70,128	52,78,123	40～123	22,59,86,126	22,59,86,126	48,69,110,190
反转速(r/min)	40,70,128	40	32～40	13,5,3,2	13,5,3,2	48,69,110,190
扭矩	9.45					14.7
功率(kW)	40					100
产地	上海	天津	天津	郑州	郑州	石家庄

表 3-6　反循环钻机性能指标

参数＼型号	KQ1200	KQ1500	KQ2500	KQ3000
钻孔直径(mm)	0.45～1.2	0.6～1.5	1.5～2.5	2～3
钻孔深度(m)	30～80	30～80	30,80	30,80
输出扭矩(kN·m)	1.9	6.87	36	72
功率(kW)	22	22	74	111
转速(r/min)	90	38	16	12

第四章 注浆技术

注浆技术是20世纪产生的一种新技术。随着注浆材料、设备的发展，注浆技术在工程领域得到了应用，尤其是在软基处理、坝基防渗等方面应用更是普遍。也成为地基基础工程施工的一种重要技术方法。

§4.1 注浆技术现状

1925年荷兰的Joosten H J在世界上首次用水玻璃一氯化钙液进行了化学注浆。中国在20世纪50年代初期就掌握了注浆技术。50年代后期将注浆技术应用在解决坝基渗漏处理上，60年代开始逐步推广应用化学注浆技术。在注浆材料、工艺、检测、设备等的研究开发方面，我国都取得了突破性进展。出现旋喷、定喷和摆喷三种不同的注浆施工工艺。自动化注浆泵和智能化检测设备已得到应用，注浆质量和注浆效果明显提高。注浆技术成为20世纪地基基础处理的主要施工技术之一。

1. 注浆技术一般概念

注浆是利用液压、气压或电化学原理，将浆液注入到裂缝或孔隙，改善岩石的物理力学性质。注浆的目标是防渗、堵漏、加固，降低岩石的渗透性和孔隙压力，提高抗渗透能力，截流渗透水流。注浆技术应用在砂及砂砾石、软粘土以及湿陷性黄土地层。

2. 注浆方法的分类

根据目前国内外注浆施工技术方法，注浆方法主要分为四类：

(1) 渗透注浆，指在一定压力作用下，使浆液充填土的孔隙和岩石的裂隙，将孔隙中的水和气被排挤出去。主要在中砂以上的砂性土和有裂隙的岩石。

(2) 挤密注浆，指在较高的压力下灌入浓度较大的水泥浆或水泥砂浆，使土体在灌浆管的端部形成一个扩大体。主要用于非饱和的土体和含有孔隙的松土。

(3) 充填注浆，指用于岩石内的大孔隙、大空洞的注浆。主要用在卵石、碎石以及砂砾层。

(4) 劈裂注浆，指在一定的压力下，浆液克服地层的初始应力和抗拉强度，引起岩石或土体结构的破坏和扰动，形成新的裂隙或孔隙，使注浆的扩散距离增大。

3. 注浆技术存在的问题

注浆材料是注浆技术的关键和重要组成部分，注浆材料的选取及其性能的控制，将关系到注浆工程的成败。新型注浆材料的开发与研究是注浆技术水平发展的一个重要标志。目前广泛应用的注浆材料主要有水泥、丙烯酰胺和硅酸盐为主剂的三大系列浆材。但是，由于每个系列均存在着某些弱点，故其应用范围受到很大的限制。其中，水泥能形成强度较大和渗透性较小的结石体，在孔隙小于0.2～0.3mm的孔隙及渗透系数小于2～3($\times10^{-1}$cm/s)时，不能使用；丙烯酰胺类是一种水溶性高分子化合物，其最大优点是渗透性强，可灌性好，但价高且污染环境，毒害人体，不能满足环保要求；硅酸盐类价廉、无毒且可灌性好，但稳定性差。针对上述各类材料存在的缺点，目前主要研究工作集中在三个方面，即① 发展超细水泥；② 研制无毒或低毒的有机注浆材料；③ 研制高强度耐久性的水泥-水玻璃类复合注浆材料。其中前两者成本高，工艺复杂，难以工业化生产。水泥-水玻璃类复合注浆材料，结合了水泥浆材和化学浆材所兼有的优点，在防渗与加固工程中普遍采用。但是由于耐久性差、易干缩，在永久性工程中或使用期超过几年的工程的防渗或加固中，一般不考虑使用，即使在有水的条件下，其三个月到半年后的强度也急剧下降，最终开裂，强度完全丧失，给工程带来不良后果。国内外对此类悬浊液型化学浆液中硅酸盐系列浆材曾进行过一些研究，但对于克服水泥-水玻璃浆材耐久性差的有效办法及相应材料未见有公开报道。研究拟在充分吸收国内外的先进技术，同时结合我国国情及注浆技术现状的基础上，本着实用、经济、简便和创新的原则研制高效的添加剂来提高现有水泥-水玻璃浆材的耐久性。理论分析可知，造成水泥-水玻璃耐久性差的主要原因是：① 水玻璃胶凝后的“胶溶”和“脱水干缩”；② 由于水泥颗粒和水玻璃粒径相差大，二者在地层中的扩散不同步。本研究通过对水泥-水玻璃浆液流变学和其内部稳定性的理论基础研究，以改进水泥-水玻璃浆材的耐久性。在研制高效的水泥-水玻璃复合型注浆材料的同时，研究其稳定机理，为该产品的系列研究提供理论依据。研究成果对于拓展水泥-水玻璃浆材的应用范围，满足重大永久性工程的防渗或加固工程的实际需要，都具有重要的经济效益和社会效益。

§4.2　化学注浆技术

化学注浆技术是20世纪研究、推广应用的一种行之有效的地基与基础处理技术，现在已广泛应用于各国工程建设的各个领域，尤其是在水利水电工程方面应用更为普遍。这种技术的核心是注浆材料和特殊钻机。我国注浆技术主要是在研制成功聚丙烯胺以后得到迅速发展，现在已研究了多种、适应不同地区、不同地层的注浆材料。注浆工艺也不断成熟和完善。但是注浆技术在地质灾害治理方面的应用只是近十几年的事情，在原理、可行性、可靠性等方面还需要做一些研究工作。

4.2.1　化学注浆技术原理

化学注浆技术是将化学浆液注入岩土内部，使其在原位进行化学反应，以增强岩土的工程力学强度和水力学性质，增加岩土的完整性和结构的整体性，达到改善岩土的承载力和提高地层的密实性，起到防渗加固的作用。灌浆材料在灌浆工程中起着关键的作用，灌浆材料性能如何，在世界各国工程界受到了高度重视。在我国的化学灌浆工程实践中，研究和应用的灌浆材料有10个系列，分为无机和有机两大类。无机浆材主要有水泥、水玻璃和粘土等，有机浆材有丙烯酰胺、木质素等。我国是水泥大国，资源丰富，因此水泥具有源广价廉、浆液结石体抗压强度高、抗渗性能好、工艺设备简单、操作方便等优点。水泥的缺点是浆液为颗粒性材料，难以注入0.2mm以下裂隙和颗粒小于1mm的砂层，以及凝固时间很长，难以准确控制等。丙烯酰胺等有机化学灌浆材料最大的优点是它所制得的浆液都是真溶液，初始粘度较小，可灌进更加细小的缝隙或孔隙；胶凝时间可以根据需要进行调节，使其充填范围恰到好处。其主要缺点是具有一定毒性，污染环境，耐久性差，且价格较贵。水玻璃同水泥一样源广价廉，污染较小，且可灌性好，在许多新型固化剂的作用下，水玻璃类浆液的性能（如耐久性、结石体强度、可灌性、抗渗性等）不断改善，是一类日益重要、有发展前途的浆液，现已广泛应用在工程领域。水泥和水玻璃配合起来使用，最大限度地发挥了水泥、水玻璃两种灌浆材料的优势，提高灌浆效果和工程质量，受到了普遍的欢迎。

4.2.2 化学注浆材料

能够用来作为注浆用的材料称为注浆材料。注浆材料分为化学和非化学两类。化学浆液主要有：水玻璃类、高分子类和复合材料，高分子类的有丙烯酰胺类、脲醛树脂类、聚氨酯类等。非化学浆液有：水泥、粘土、沙浆等。常用的注浆材料有水泥、水玻璃、费纸浆液等。一般来说，注浆材料都有一定的毒性，对人和环境能够产生危害，因此在选择注浆材料时要充分注意材料毒性的大小(表 4－1)。商品水玻璃多呈棕黄色粘稠状液体。水玻璃模数(M)即 SiO_2 与 Na_2O 克分子比的大小，对浆液性能影响很大。M 值小，SiO_2 含量低，凝结时间短、结石强度低；M 值大，SiO_2 含量高，凝结时间长，结石强度高。一般灌浆用的水玻璃要求 $M=2.4\sim3.4$。水玻璃的浓度称波美度(Be')。灌浆一般使用 30～40Be' 的水玻璃。

水玻璃浆材按其固化剂与固化前的形态可分为以下类型，即：溶液型，有① 水玻璃-无机固化剂体系，包括：酸性固化剂，如磷酸、碳酸氢钠、硫酸氢钠、磷酸钠、亚硫酸钠；金属盐：氯化钙、氯化钠、氯化镁、硫酸铝、硫酸镁；② 水玻璃-无机气体固化剂(二氧化碳)体系；③ 水玻璃-有机固化剂体系：乙二醛、多元醇、乙酸乙酯、醋酸乙烯酯；④ 酸性水玻璃；⑤ 硅溶胶-无机固化剂体系。悬浊液型，有① 水玻璃-水泥体系；② 水玻璃-不溶性钙粉体系。

水玻璃浆材中水玻璃与固化剂的反应时间。按胶凝时间长短，浆材可分为三种：10 秒以内的叫快固化浆，10min 左右的叫中固化浆，1 小时以上的叫慢固化浆。胶凝时间的长短，影响凝胶中是否有钠离子的残存。无机固化剂固化很快，使半数以上的钠离子残存在凝胶中；气体固化剂，固化时间适中，但凝胶仍残存钠离子；水玻璃与有机固化剂反应相对来说较慢，固化剂反应充分，仅有少量的钠离子残存。酸性水玻璃是近几年发展起来的一种新型浆材，凝胶中无钠离子存在。

随着社会发展和技术的进步，人们对环保的要求越来越高。而许多化学注浆材料对环境和生物有一定的毒性，造成了一定的环境污染，开发应用环保型注浆材料是 21 世纪化学注浆技术发展的一个重要方面，已引起了工程界的广泛的关注。

水玻璃作为化学灌浆的一种主要材料，如尤斯顿法(水玻璃-氯化钙)，在很早以前就被采用了，而将其与水泥浆配合使用还是不久以前的事。我国自 1967 年开始在煤矿井巷建设中广泛使用。将水玻璃加入水泥浆中，已不单纯是为了改变浆液特性，而且它可以与水泥水化中产生的某些成分化合成一种胶体，这种胶体使水泥浆迅速失去流动性而转化成固体，共同充填岩土中的空隙，这种化合和转化是在极短时间内完成的。在灌浆中利用它的这种性质，可以迅速堵住较大和具有水流作用的通道，也起到节约材料的效果。

水泥-水玻璃最重要的性能是凝胶时间和结石强度。

影响水泥与水玻璃浆液胶凝时间长短的因素有以下几种：① 水泥品种：一般说来，水泥中硅酸三钙的含量越多，胶凝越快。普通硅酸盐水泥随着水泥标号提高，胶凝时间缩短；普通硅酸盐水泥比矿渣水泥胶凝快。② 水灰比：水灰比减小，胶凝时间缩短。③ 波美度(Be')：波美度越小，胶凝越快。④ 水泥浆与水玻璃体积比(C∶S)：在其他条件相同时，C∶S 增大，即水玻璃掺量越少，则胶凝越快。⑤ 浆液温度：随着浆液的升高，胶凝时间加快。⑥ 外加剂：加入促凝剂，如白灰[$Ca(OH)_2$]，可加快胶凝；加入缓凝剂，如磷酸氢二钠(Na_2HPO_4)或木素，具有显著缓凝效果。

4.2.3 水泥-水玻璃注浆材料的性能

作为无机灌浆材料，水泥具有结石体强度高，不污染环境的优点，但是它的最大缺点就是胶凝时间短，渗透性差；加入水玻璃后使其胶凝时间可调，提高可灌性，但结果却使结石体的强

表 4-1　化学浆液中有关材料毒性

材料名称	空气中最高允许含量(mg/m^3)	中毒途径	毒性表现	备注
丙烯酰胺(单体)		皮肤接触,呼吸道吸入	头痛、倦怠、食欲减退,肌肉疼痛,步态不稳,严重时又导致肌肉萎缩,对肝脾有损害	
NN′—甲撑双丙烯酰胺		皮肤接触,呼吸道吸入粉末	与丙烯酰胺有类似毒性,但程度较轻	
过硫酸铵		皮肤接触	对皮肤有腐蚀性,脱皮	易爆
重铬酸盐(重铬酸钠、重铬酸钾)	0.1	皮肤接触吸收,蒸气、粉尘由呼吸道吸入	接触引起皮炎,铬疮、鼻粘膜损害,鼻中隔溃疡,穿孔,皮肤粘膜损害,口腔粘膜溃疡。铬有积累性毒性,有致癌作用	
氯化铁		皮肤接触	对粘膜和伤口有腐蚀作用,眼部接触可能引起结膜炎	
各种异氰酸酯	0.14	蒸气接触或吸入,皮肤接触	对粘膜、皮肤有明显刺激作用、强致敏作用,引起结膜炎、上呼吸道炎,支气管炎,哮喘,皮肤肿块,其中以甲苯二异氰酸酯毒性最大	
各种预聚体		皮肤接触,蒸气刺激,吸入	预聚体中含过量的异氰酸基(—NCO),有较大毒性	
三乙胺	100	吸入、皮肤接触	对上呼吸道和眼睛有刺激作用	
二月桂酸二丁基锡		经皮肤、消化道、呼吸道吸入	损害肝、胆、皮肤灼伤,引起皮炎,有剧毒性,在体内有积蓄作用,口服微量能致死	
二甲苯	100	能轻量掺入皮肤	接触性皮炎,结膜炎,慢性作用引起的神经衰弱,血压偏低,尿蛋白等	易燃
环氧树脂(双氧丙烷丁基醚)		皮肤接触	刺激眼和上呼吸道,引起头痛,乏力,消化不良,皮肤干燥等	
有机胺类	25(乙二胺)	皮肤接触,呼吸道吸入	强刺激性,致敏作用,引起头痛、头晕、支气管哮喘,皮肤过敏,皮炎等	
苯酚(DMP-30)		皮肤接触	刺激皮肤强烈,腐蚀性强,急性中毒引起胃肠道症状,抑制中枢神经,体温下降,长期接触引起消化道功能障碍,肝肾损害,皮疹	
糖醛		皮肤接触,呼吸道吸入	易由皮肤吸收中毒,引起中枢神经系统损害,呼吸中枢麻痹、湿疹、皮炎、鼻炎,结膜炎等	
甲基丙烯酸甲酯	410	蒸气吸入及刺激眼部及呼吸道,皮肤接触	刺激结膜,引起头痛、头晕、乏力,嗜睡,鼻炎,植物神经功能失调,低血压,肝功能障碍和皮肤致敏性	易燃
		皮肤接触,呼吸道吸入	损害中枢神经系统和肝脏,中毒后脸色青紫苍白,出现贫血现象	
丙酮	400	吸入中毒,皮肤渗入	刺激眼和上呼吸道,引起头痛,乏力,消化不良,皮肤干燥等	易燃

注:过氧化苯甲酰、丙烯酸、甲基丙烯酸、对甲苯亚磺酸、聚酰胺树脂、三乙醇胺毒性较低

度和耐久性大大降低。近年来围绕如何提高水泥-水玻璃浆液的结石体的强度、流动性、抗渗性、耐久性做了大量的研究工作,并已取得了巨大的进展。

根据研究结果,认为“胶溶”和脱水收缩是影响浆材耐久性的两个最重要的因素。

水玻璃化学结构中,当钠离子存在时,形成凝胶网状结构的Si—O—Si键将产生断裂,称为“胶溶”。因此,凝胶过程中除去钠离子是十分重要的。

水玻璃-无机固化剂浆材固结后,内部存在大量钠离子,这必然会引起凝胶网状结构的断裂,这就是该浆材耐久性差的主要原因。但由于这种材料成本低,在临时性工程中,仍在使用。

水玻璃-有机固化剂浆液,固化较慢,这不仅使凝胶中残存钠离子量减少,而且极有利于硅酸聚合物的链增长,这样凝胶结构就不易断裂,凝胶的韧性大大提高。所以,用该浆材固结的砂体强度在初期随时间的增加而降低,但经过一段时间后,却可在长时间内稳定在较高的水平。

酸性水玻璃凝胶中,无钠离子残存,凝胶的化学稳定性很强。

水玻璃浆材耐久性低的另一原因:主要是为提高浆液流动性而采取的降低粘度(必须降低水玻璃浓度)和延长胶凝时间(必须减少固化剂用量),引起胶结强度的大幅度的下降。而且,未反应的水玻璃在凝胶后析出,引起脱水收缩,其结果不仅造成抗渗性的降低,而且造成耐久性的降低。针对这种情况,使用复合固化剂,即在固化剂铝酸碱金属盐内添加酸性铝盐,其中酸性铝盐可:① 起缓冲作用,进一步促进凝胶化时间的缓慢的变化,使可灌性变得良好。② 中和水玻璃的碱分,抑制胶体脱水收缩作用,提高胶结强度。

从液体水玻璃系统的显微分析得知:水玻璃具有单独颗粒及其聚集体组成的粗糙不均匀结构,其中3~6μm的大颗粒约占20%~30%,1~3μm的颗粒约占60%,由于大颗粒的存在,导致了水玻璃水泥石粗气孔率的形成。添加糠醇作为密实剂,由于密实剂对硅酸凝胶的压密作用,其密实度比普通耐酸混凝土显著增大,气孔率减少70%~80%,抗渗标号提高7~10倍,耐久性也大大提高。

日本的一项专利介绍水泥-水玻璃灌浆材料,在较低粘度和良好可灌性下,获得高强度、耐久性好的固结体。该浆液以炉渣或微细水泥(比表面积为5 000cm^2/g)和摩尔比为2.5以下的水玻璃构成。其中还可添加分散剂。

1925年荷兰的Joosten H J首次用水玻璃—氯化钙浆液进行化学灌浆。从此,化学灌浆逐渐发展起来。进入20世纪50年代,由于高分子工业的发展,出现了许多高分子灌浆材料,其中应用最多的是丙烯酰胺、尿醛树脂、木质素、聚氨酯和水玻璃浆材。然而,1974年,日本用丙烯酰胺灌浆时,发生了地下水污染事件,日本政府颁布法规,禁止非水玻璃类化学灌浆材料的使用,这促进了水玻璃浆材的发展,几种新型水玻璃浆材相继研制成功。这些材料与传统的水玻璃浆材相比,其耐久性有了很大的改进。而随着水泥一水玻璃复合灌浆材料的研究与开发,其应用范围变得更广。

4.2.4 注浆材料性能的测定

影响注浆质量的主要因素有浆液的pH值、密度、粘度、粒度分布、抗压强度、结石率、凝结时间、渗透性、抗挤压强度等指标。测定浆液性能指标是注浆前一项重要的试验工作。依据地层岩性来确定注浆材料的性能参数,以此来确定注浆材料的配方。

下面简要介绍注浆材料性能指标的一些测定方法。

1. pH值

pH值表示浆液的酸碱度。pH值范围在0~14。测定pH值时,最好在各组分充分混合后,并在凝胶前完成测定工作。一般采用酸度计进行测量。

2. 密度

密度是指混合物中物质的质量和混合物的体积的比值。其计算公式是：

$$\rho=m/V$$

式中：ρ——密度(g/cm^3)；

m——物质的质量(g)；

V——混合物的体积(cm^3)。

测定仪器一般采用浆液密度天平。

3. 粘度

粘度是流体粘滞性大小的物理量纲。其计算公式是：

$$\tau = \eta A \mathrm{d}v/\mathrm{d}n$$

式中：τ——粘度；

η——粘度系数；

A——面积；

$\mathrm{d}v/\mathrm{d}n$——流速梯度。

计算混合物的粘度一般采用六速粘度计。

4. 粒度分布

粒度的分布情况对于悬浮液性能来说，十分重要。主要原因是小于 2μm 的微粒在液体中沉降速度十分缓慢，处于均匀分布，液体形成胶体状态。因此，测定注浆材料颗粒的分布对指导灌浆、保证工程质量具有重要的指导意义。现在一般采用计算机控制的粒度测定仪来测定悬浮液的微粒分布情况。

5. 抗压强度

测定注浆材料的抗压强度采用测定水泥胶砂强度所用的实验设备和方法。具体实验方法如下：

试块成型：如浆液结实体为脆性材料，可采用纯浆液一次成型试块，其尺寸为 4cm×4cm×16cm；如浆液结石体为塑性材料，可采用浆液加标准砂方法成型试块，即先将标准砂装满试模，在捣固下慢慢加入浆液，直至饱和为止，液面与试模一致，待液体固结后脱模，试块尺寸为 4cm×4cm×16cm；如为非水溶性聚氨酯，因材料易膨胀发泡，可采用 40mm 的有机玻璃管成型试块。一般来说，试块应放在 20±5℃水中养护，测定 1、3、28 天的抗压强度。

6. 结石率

结石率(β)是指浆液体积与结石体体积之比。表述为：

$$\beta=V_2/V_1$$

式中：V_1——浆液的体积；

V_2——结石体的体积。

如 $\beta<1$ 时结石体收缩，收缩率为$(V_1-V_2)V_1$；$\beta>1$ 时，结石体膨胀，膨胀率为$(V_2-V_1)V_1$。

测定注浆材料的结石率一般采用 50mL 碱式滴定管，装入约 30mL 浆液至某一刻度，记下读数 V_1，待浆液凝固后，再观测液体的变化情况，记下读数 V_2，利用上述公式计算结石率。

7. 凝结时间

凝结时间是指混合物在一定温度下，从全部材料混合起来时，直到凝胶发生，液体不再流动为止的一段时间，以 t 表示。

目前测定凝胶时间的方法有三种。

(1) 单液水泥浆：水泥浆是缓慢固化的，强度逐步增长。因此，一般测定水泥浆的初凝和终凝时间。用初凝时间作为凝胶时间。

(2) 聚氨酯浆液：由于这种浆液在凝胶过程中体积膨胀。利用这种特点特制了聚氨酯浆液凝胶时间测定仪器。

(3) 其他浆液：一般使用 NJY－1 型仪器测定浆液的凝胶时间。

8. 渗透性

渗透性有两个参数：渗透能力和渗透系数。渗透能力也称为可灌性，是指对地层浆液注入的难易程度。渗透系数是表示土壤或岩石透水性大小的指标。渗透系数越小，抗渗性越高，浆液越难以通过。目前渗透能力和渗透系数都有专门的测试设备。

§4.3 注浆工艺

注浆技术在施工方面目前比较成熟和使用较多的方法是高压旋喷和深层搅拌。这两种工艺已广泛应用于基础处理和一些地质灾害的防治方面。注浆技术的一般工艺如图 4－1：

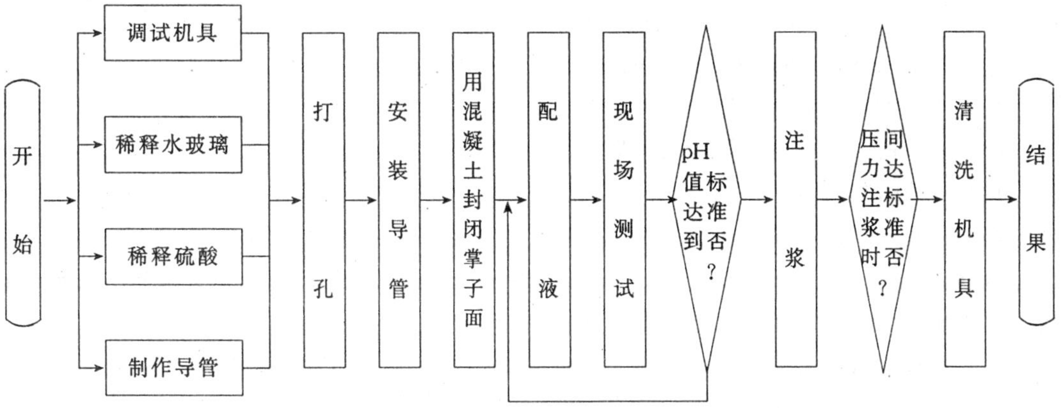

图4－1 注浆工艺流程

4.3.1 深层搅拌

一、深层搅拌的概况

深层搅拌是利用水泥或水泥砂浆作为固化剂，通过特制的搅拌机械，在地层深处将软土和固化剂强制搅拌，使固化剂和软土间产生一系列物理、化学反应，使软土硬结成具有整体性和一定强度的地层。20 世纪 70 年代，日本首创和开始应用深层搅拌法，简称 CMC 工法。我国在 20 世纪 80 年代初开始进行 CMC 法的研究与野外试验。到 20 世纪 90 年代中期，深层搅拌法在我国南方，如上海、武汉、广州等城市和地区，得到广泛使用。这种工法的最大特点是：设备简单、操作方便、成本低以及对周边环境没有太大的影响。目前，固化剂有水泥类的普通硅酸盐水泥、石膏等，石灰类的生石灰、消石灰，沥青类的地沥青、沥青乳化剂、煤焦油、柏油等，化学类的水玻璃、氯化钙等。

深层搅拌技术的主要优点是：

(1) 最大限度地利用了原土的物化性能；

(2) 施工时对周围环境产生的影响较小；

(3) 施工时无振动、无污染、无噪音；

(4) 对其他软土地层不产生影响；

(5) 与其他处理方法相比，节省材料，降低了工程的成本。

深层搅拌技术的适用范围：

(1) 淤泥；

(2) 淤泥质土；

(3) 粉土；

(4) 对处理以后地层承载力要求不高的地层。

二、深层搅拌法的设计

设计依据：

(1) 依据工程地质勘察报告中关于土质分析、水质分析的数据。

(2) 搅拌桩的布置。

根据设计要求，确定搅拌桩的承载能力，依据深层搅拌法的施工工艺，合理布置搅拌桩的形式，选择固化剂及加入量。

搅拌桩复合地基承载力标准值应通过现场复合地基载荷试验确定，计算公式为：

$$f_{spk} = m\frac{R_k^d}{A_p} + \beta(1-m)f_{s,k}$$

式中：$f_{s,k}$——桩间天然地基土承载力标准值；

m——面积置换率；

β——桩间土承载力折减系数，可取 0.1～1.0；

A_p——桩的截面积；

R_k^d——单桩竖向承载力标准值。

深层搅拌桩平面布置可以采用柱状、壁状、格栅状、块状等形式。柱状可采取正方形或等边三角形布桩形式，其桩数可按下式计算：

$$n = \frac{mA}{A_p}$$

式中：n——桩数；

A——基础底面积。

桩的质量检查，在成桩后 7d 内用轻便触探器钻取桩身加固土样，观察搅拌均匀程度，验桩的数量应不少于已完成桩数的 2%。

三、施工工艺

1. 工艺流程

下面是国内外深层搅拌施工工艺的典型图(图 4-2)。主要内容是：桩机就位——钻进喷浆到孔底——提升搅拌——重复喷射搅拌——重复提升复搅——成桩。桩位对中误差不大于 10cm，垂直度的偏离不应超过 1.5%。钻进速度应为 1m/min，转速 60r/min 左右，喷浆压力控制在 1～1.4MPa，喷浆量控制在 30L/min，复搅 3 次。

2. 搅拌主要设备情况

搅拌机是深层搅拌施工的关键。目前国内外有中心管喷浆和叶片喷浆方法进行搅拌桩的施工。表 4-2 介绍的搅拌设备引用的是林宗元主编的《岩土工程治理手册》。搅拌桩机国内已经有成套设备，基本上能满足生产的需求。

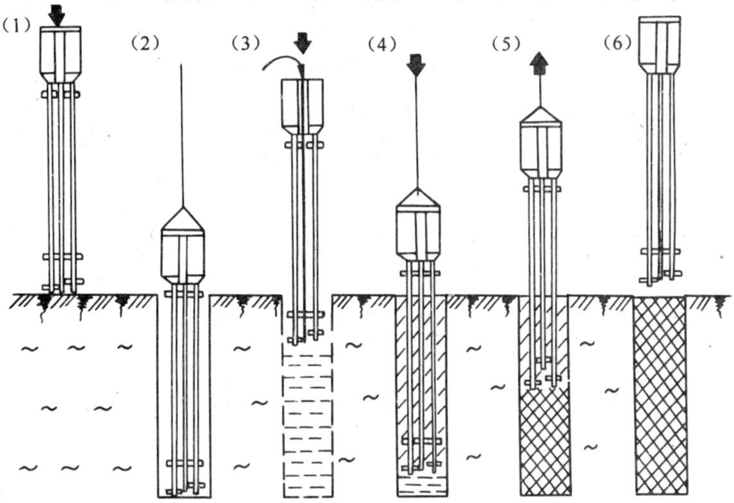

图 4-2 深层搅拌施工顺序图

表 4-2 深层搅拌机械技术参数汇总表

水泥系深层搅拌机类型		SJB-1	GZB-600	DJB-14D
深层搅拌机	搅拌轴数量(根)	2(Φ129)	1(Φ129)	1
	搅拌叶片外径(mm)	700～800	600	500
	搅拌轴转数(r/min)	46	50	60
	电机功率(kW)	2×30	2×30	1×22
起吊设备	提升能力(kN)	大于 100	150	50
	提升高度(m)	大于 14	14	19.5
	提升速度(m/min)	0.2～1.0	0.6～1.0	0.95～1.20
	接地压力(kPa)	60	60	40
固化剂制备系统	灰浆拌制台数×容量	2×200	2×500	2×200
	灰浆泵量(L/min)	HB6-3 50	AP-15-B 281	UBJ_2 33
	灰浆泵工作压力(kPa)	1 500	1 400	1 500
	集料斗容量(L)	400	180	
技术指标	一次加固面积(m^2)	0.71～0.88	0.283	0.20
	最大加固深度(m)	15.0	10～15	19.0
	效率(m/台班)	40～50	60	100
	总质量(t)	4.5(不包括吊车)	12	4

4.3.2 高压喷射注浆技术

20世纪60年代，高压喷射注浆技术是用来改良土壤、加固土层的施工方法。高压喷射注浆技术主要应用在淤泥、粘性土、砂土、砂砾及部分卵石层等地层，主要目的是加固、防止下沉等。20世纪70年代，我国从日本引进了高压喷射注浆技术。

1. 施工方法

目前施工工艺有单管、双管和三管三种方法。

单管法（图4－3）是利用钻机等设备，把安装在注浆管底部侧面的特殊喷嘴，在置于预定的位置，用高压泥浆泵以20～30MPa压力冲切土层，同时借助注浆管的旋转和提升运动，使浆液与土充分混合，经过一定时间凝固后成桩，桩径在40～50cm。

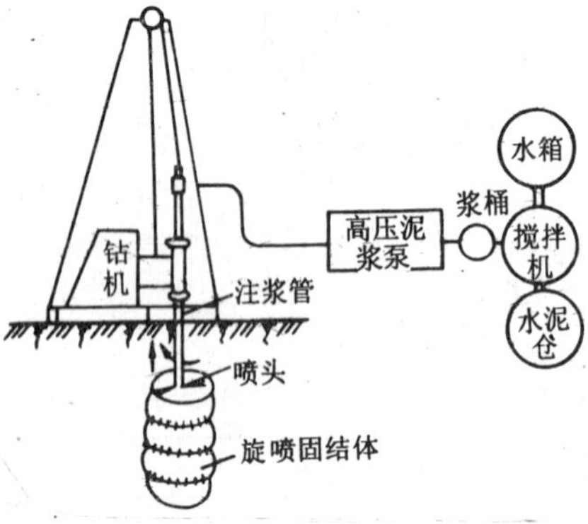

图4－3 单管旋喷注浆示意图

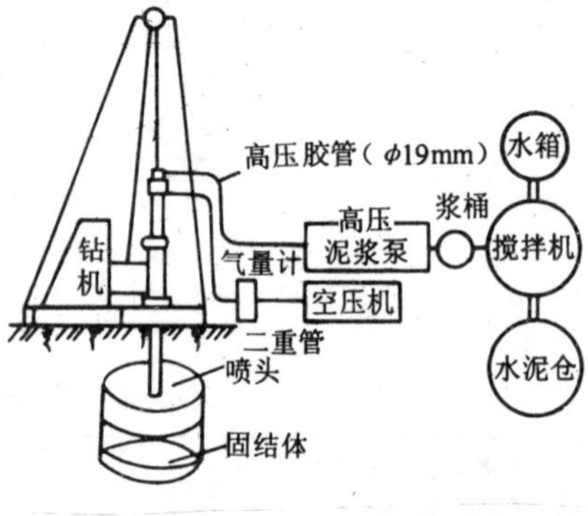

图4－4 二重管旋喷注浆示意图

二重管法（图4－4）是使用双通道的二重注浆管，当二重注浆管钻到预定的土层后，通过管底部侧面的一个同轴双重喷嘴，利用高压浆液和压缩空气冲击破坏土体。浆液的压力在20MPa左右、空气压力为0.7MPa左右，由于有高压空气的作用，破坏土体的能量明显增大，成桩直径也比单管要大，目前成桩直径在80～150cm左右。

三重管法（图4－5）是采用20～50MPa压力的水、0.7MPa压力的空气和1～2MPa压力的浆液冲切土体，形成较大的空隙，成桩直径明显扩大，目前成桩直径可以达1～3m。

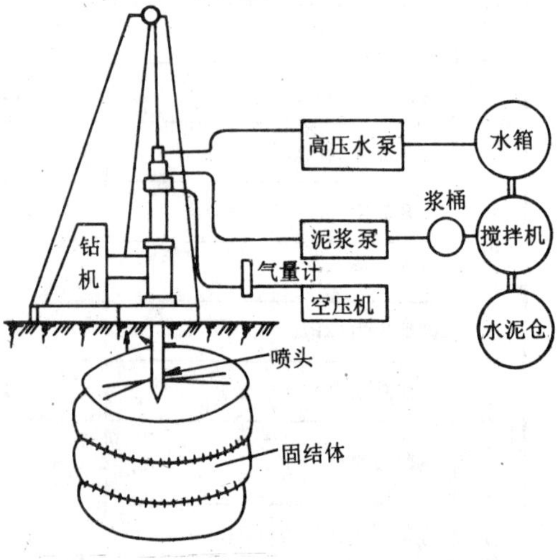

图4－5 三重管旋喷注浆示意图

2. 施工工艺和参数

旋喷施工可以用射水、锤击或振动等方法直接将旋喷管置入要求的深度，也可以用钻机钻成直径100～200mm的孔，然后将旋喷管插至孔底，由下而上进行旋喷。喷射的水泥浆，水灰比为1：1～1.5：1。旋喷施工前，应将钻机定位安放平稳，旋喷管的允许倾斜度不得大于1.5%。

下面根据有关资料，将注浆不同方法的主要施工工艺列于表4－3：

表 4－3　注浆施工的主要工艺参数

项　　目			单管法	二重管法	三重管法
参数	喷嘴孔径(mm)		Φ2～3	Φ2～3	Φ2～3
	喷嘴个数(个)		2	1～2	1～2
	旋转速度(r/min)		20	10	5～15
	提升速度(mm/min)		200～250	100	50～150
机具性能	高压泵	压力(kg/cm^2)	200～400	200～400	200～400
		流量(L/min)	60～120	60～120	60～120
	空压机	压力(kg/cm^2)	——	7	7
		流量(m^3/min)	——	1～3	1～3
	泥浆泵	压力(kg/cm^2)	——	——	30～50
		流量(L/min)	——	——	100～150

目前高压注浆使用的机具一般来说比较简单，一是泵的性能好坏是影响灌注质量的关键，因此研制高性能的泵是提高高压注浆技术的重要手段。二是喷嘴，早期单通喷嘴直径为 2.0～3.0mm，目前为 1.5～2.5mm，喷嘴材料主要采用硬质合金。根据国内目前普遍使用的泵的情况来看，基本上是岩心钻探的一些机具，而注浆技术专用设备较少。现将高压喷射注浆使用的主要机具汇总于表 4－4：

表 4－4　高压喷射注浆使用的主要机具

序号	机具名称	型　　号	规　　格	所用机具		
				单管	二重管	三重管
1	高压泥浆泵	SNC－H300 型水泥车或 Y－2 型液压泵	30MPa、150L/min，135kW	√	√	
2	高压水泵	3XB 型或 3W－6B 型	34MPa，85L/min，55kW			√
3	钻机	76 型震动钻	自制专用	√	√	√
4	泥浆泵	BW－150 型或 BW－250/50 型	700N/cm^2　500N/cm^2			√
5	空气压缩机	各种型号	70N/cm^3　3m^3/min		√	√
6	泥浆搅拌机	各种型号	200L/min	√	√	√
7	单管	普通地质钻杆	Φ500mm	√		
8	二重管		自制专用		√	
9	三重管		自制专用			√
10	使用机具总数量			4	5	6

高压注浆直径主要取决于旋喷方法、地层条件以及施工设备性能等。根据经验可以依据表 4－5 来确定高压注浆直径的大小。

表 4-5 高压喷射注浆桩径大小选择(m)

地层土质		方法		
		单管法	二重管法	三重管法
		直径		
粘性土	$0<N<5$	1.0±0.2	1.5±0.2	2.0±0.3
	$6<N<10$	0.8±0.2	1.2±0.2	1.5±0.3
	$11<N<20$	0.6±0.2	0.8±0.2	1.0±0.3
砂土	$0<N<10$	1.0±0.2	1.3±0.2	2.0±0.3
	$11<N<20$	0.8±0.2	1.1±0.2	1.5±0.3
	$21<N<30$	0.6±0.2	1.0±0.2	1.2±0.3
砂砾	$20<N<30$	0.6±0.2	1.0±0.2	1.2±0.3

高压旋喷桩的质量检验可采用开挖检查、钻孔取心、标准贯入、载荷试验或压水试验等方法进行检验。检验点的数量为施工注浆孔数的2%～5%，对不足20个孔的工程，至少应检验2个点。

§4.4 注浆技术在地质灾害治理中的应用

注浆的成败，主要取决于注浆工程开始前的调查研究工作。调查的主要内容如表4-6。

表 4-6 工程调查项目

项目	内容
施工场地的调查	① 施工场地的地形、高程测绘 ② 测量的基准点、控制桩的核对 ③ 施工场地内有无地面构筑物和地下构筑物，其位置的确定 ④ 与邻接施工场地及构筑物的关系 ⑤ 交通用地占用情况 ⑥ 工程用电，给、排水
环境调查	① 噪音、振动问题 ② 水源井和周围地下水的现象 ③ 河流、湖泊的现状 ④ 动、植物的生态现状和农作物的现状
土质调查	① 土层构成分布 ② 土层的物理、力学、化学性质 ③ 地下水位、水温、孔隙水压力、流速及流向 ④ 透水层深度、厚度、涌水量等 ⑤ 填土情况
浆材调查	产地、厂家及浆材特性、应用范围、价格等

利用灌浆技术治理泥石流地质灾害工程。四川省盐井沟泥石流地形是上游宽、下游窄，南高北低，落差大，沟床陡峻。近年来，由于乱采滥伐和乱挖矿石，尾矿堆积，植被破坏，为泥石流

的产生创造了条件。

根据泥石流灾害形成的原因，按照现有的财力和技术水平，治理盐井沟泥石流采用了注浆等技术方法，取得了较好的社会和经济效益。

盐井沟泥石流综合治理工程建有5号坝、3号坝，两坝基采用注浆固结处理，形成地下防护和坝堤防护体系。注浆处理的主要目的是将水泥、砂等注入到岩层中，对岩层裂隙、孔隙进行充填固结，改善坝基岩石力学性能，提高岩石的弹性模量和岩石的承载强度，提高岩石密实度，减少岩石变形和不均匀塌陷，有利于截断基础岩石内的渗流。

注浆材料：采用525号硅酸盐水泥、粘土，掺加剂氯化钙和稳定剂磷酸钙等。

施工方法：采用XU300－2型油压钻机、GBW100/100注浆泵、卧式搅拌机以及浆液性能测试仪器。钻孔深度10～15m、孔径130mm。采用浆液比重为1.158，漏斗粘度27～32s，配方为水泥∶粘土∶水＝1∶1∶8。使用跟管钻进，自上而下分段灌注严重坍塌地层，采用跟管钻进，钻到设计孔深时，进行洗孔，下灌注器，提出套管。钻进参数如表4－7。

表4－7　跟管钻进参数

岩　层	钻进方法	钻探技术参数		
		钻压(kg/cm²)	转数(r/min)	泵量(L/min)
泥石流堆积层	硬质合金钻探	30	150	100
冲积层	硬质合金钻探	60	150	100
风化花岗岩	硬质合金钻探	50	150	80

本工程灌注范围达到了设计效果，处理费用平均83元/米^3，比其他处理方法费用要低，缩短了工期，拓宽了注浆技术的应用范围，具有广阔的前景。

第五章　连续墙技术

近年来，随着国外先进的连续墙设备的大量引进，连续墙技术在中心城市、重点工程领域得到了应用，是一种无公害的施工技术。连续墙技术是21世纪基础工程施工领域最有希望的、最有前途的一种技术方法。研究总结连续墙技术对推进这项技术方法在我国的发展与应用具有重要的意义。

§5.1　连续墙技术的历史与应用现状

连续墙施工方法最早在意大利得到应用。20世纪50年代，意大利首先采用桩排式地下连续墙。为了解决桩排式地下连续墙的不完整性问题，又开发出了钻—抓的施工方法。由于连续墙技术本身的优点和广泛的用途，20世纪50年代，连续墙技术在西方国家得到迅速推广使用。1954年连续墙技术介绍到法国、德国，随后很快得到普遍应用。1959年，日本开始使用连续墙技术，现在已成为世界上应用连续墙技术最多的国家。我国1958年开始在北京市密云水库中首次利用地下连续墙作为防渗结构，随后在水利、电力、交通、建筑等部门得到应用。

连续墙技术的主要优点：

(1) 结构刚度大。可以很好地起到支挡作用；

(2) 适合各种不同的地质条件。太大的孤石会给施工带来困难；

(3) 连续墙可以作为地下主体结构的一部分。节约了工程造价，简化了施工程序；

(4) 作用多样化。既可以作为防渗结构，又可以作为承重、支护等结构；

(5) 施工公害小。这种施工方法很适合现代城市大型基础设施建设的需要。

连续墙技术发展的趋势：

(1) 地下连续墙技术向大深度、高精度方向发展。目前施工深度已达到100多米，施工垂直精度可达1/2 000。

(2) 广泛使用预制桩及板式地下连续墙。

(3) 地下连续墙施工中采用的泥浆技术逐步采用高分子聚合物，泥浆使用量明显减少，降低了废泥浆对环境的影响。

(4) 连续墙施工过程中，将采用废泥浆处理技术，这对连续墙技术在现代化城市施工提供了技术保障。

§5.2　连续墙的分类与特点

地下连续墙简称地下墙，是利用钻掘设备形成一个槽段而构筑的地下连续墙体。主要采用抓斗式和回转式成槽两种。目前主要应用于挡土、防渗、作为构筑物的承重墙等。随着经济建设的发展和人们生活水平的逐步提高，基础设施建设的任务将更加繁重。地下墙施工技术是

20世纪60年代兴起的一种基础工程施工方法，随着连续墙施工专用设备的研制成功和性能的不断完善，连续墙施工技术在世界上得到了较广泛的应用。我国在20世纪70年代初期，开始在码头护岸护坡等方面试用连续墙技术，取得了较好的效果。现在，我国已将连续墙技术应用于高层建筑、公路工程、铁路工程、码头港口工程。

根据施工工艺不同将连续墙分为桩排式、槽段式、预制拼装式和组合式等四种。

根据墙的使用材料不同将连续墙分为钢筋混凝土、混凝土、粘土、劲性骨架水泥加固土等。

桩排式连续墙是由相互连接的桩构成的地下连续排桩。通常有一字形搭接、交错相接、间断式和不同材料组合。主要桩的类型是钻孔灌注桩、打入桩或水泥加固土桩。

槽段式地下墙主要是利用专门设备在预定的地下挖一段深槽，然后吊入钢筋笼、灌注混凝土，形成一个槽段，用同样的方法施工下一段槽段，直至形成地下墙。

预制拼装式地下连续墙是根据设计要求，在地下成槽后将预制好的混凝土构件放入槽内，然后在泥浆中加入固化剂，形成一个整体的墙体。

组合式地下墙是利用钻孔灌注桩或槽段式、预制式等多种形式形成的地下墙。这种施工方法只在特殊情况下才采用。

§5.3 连续墙设计

一、地下连续墙的设计原则

(1) 地下墙单元墙段的平面形状常用的有一字形、L形、T形和多边形等。单元墙段的长度一般为6～8m，墙的厚度一般为60～100cm，最大厚度120cm。

(2) 现浇筑地下墙混凝土设计标号不应低于200号，预制地下墙混凝土标号不应低于300号。

(3) 受力钢筋应采用Ⅱ级钢筋，直径不宜小于16mm，构造钢筋可采用Ⅰ级钢筋，直径不宜小于12mm。预制地下墙的构造钢筋直径不宜小于10mm。

(4) 一般情况下，墙面倾斜度不应大于1/150，墙面局部突出不应大于10cm，墙面倾斜与局部突出之和也不应大于10cm，墙面上的预埋件位置偏差不应大于5cm。

(5) 地下墙允许偏差值见表5-1。

表5-1 地下墙允许偏差值

项 目	允许偏差(mm)
墙顶中心线偏差	30
墙顶标高	±30
裸露表面局部突出	100

二、有关计算

作用于地下连续墙的土压力，初始状态是静止土压力，当基坑开挖后，土压力在主动土压力和被动土压力之间变化。因此，侧压力的变化将十分复杂。在理论上可以认为，作用于挡土结构两侧的土压力为：

主动区：$P_a = P_0 - K_h\delta \geqslant P_a$

被动区：$P_\beta = P_0 + K_h\delta \leqslant P_\beta$

式中：P_0——静止土压力强度；

K_h——水平基床系数；

δ——墙体变位；

P_α、P_β——主动、被动土压力强度。

§5.4 连续墙施工工艺与设备

一、连续墙技术在工民建领域施工的实例

随着城市环境保护要求的提高，世界许多发达国家及中国许多大中城市严格限制工程施工过程带来的环境危害，要求进行无公害施工。这就要求基础工程施工领域研制出符合现代需求的工艺方法，研制新型机械装备。连续墙施工技术发展的历史较短，但在土木工程中发展的趋势十分迅猛，引起工程界的高度重视，已成为大中城市基础设施建设中一种有效的无公害施工方法。20世纪90年代以来，我国大量引进德国、意大利等发达国家先进的连续墙施工设备进行城市、公路及重要码头的基础施工。取得了部分钻孔灌注桩，保证了施工质量，提高了施工效率。下面是我国使用连续墙施工技术的工程范例(表5-2)。

表5-2 我国地下连续墙在基础设施建设中的成功施工实例

工程名称	施工方法	主要作用	施工单位
新河船厂滑道护岸墙	潜水电钻并联	护岸	交通部一航局
广州白天鹅宾馆	冲击钻	护壁、结构	广东省机施公司
江南造船厂轧机基础	抓斗	护壁、结构	上海基础公司
深圳水库防渗墙	多头钻	防渗墙	上海基础公司
上海过江煤气管工作井	多头钻	工作井	上海基础公司
天津新河船厂西码头	钻孔灌注排桩	承重、挡土	交通部一航局
郑州铝厂取水泵站	潜水电钻并联	支护、结构	中色第六建设公司
北京亮马河大厦工程	人工挖孔桩	支护	冶金建筑研究总院
重钢焦化转运站地下室	钻孔灌注桩	支护	第十八冶金建筑公司
秦皇岛码头翻车机室	多斗钻和冲抓	支护、结构	交通部一航局
天津港务海河驳船码头	预制拼装	支护	交通部一航局

二、施工工艺

连续墙施工质量好坏、成本的高低关键取决于施工设备性能。目前我国主要引进德国、意大利等国家的连续墙钻进，还没有技术能力制造同种性能的装备。但是由于这种设备十分昂贵，能够装备这种设备的企业还为数不多，这就严重制约了连续墙技术在我国的推广应用。另

外，有这种设备的企业由于使用成本较高，也主要是利用这种装备进行招标活动，实际应用不多。从国家工程规范来说，还没有一个全国统一的连续墙施工规范。设计部门更是尽量减少这种技术方法的运用。这几方面的原因造成连续墙技术在我国使用较早，但应用不够，使这项技术与发达国家相比存在较大的差距。

连续墙施工分准备阶段和墙体施工两个阶段。准备阶段主要是泥浆制备以及泥浆系统的安装，场地平整，挖道沟，做导墙等。墙体施工的主要过程是成槽、清孔、安放接头管、吊装钢筋笼、插入混凝土管、浇注混凝土、拔出接头管等。地下墙成槽中，为了使槽壁稳定，一般要采用泥浆护壁，泥浆性能必须符合一定的要求。表 5-3 是连续墙施工的记录表，通过这张表可以反映每个班次的详细施工情况，对分析、解决质量问题具有重要作用。

表 5-3　地下连续墙挖槽施工记录表

施工单位＿＿＿＿＿＿＿＿＿＿＿＿　　挖土设备＿＿＿＿＿＿＿＿＿＿＿＿

工程名称＿＿＿＿＿＿＿＿＿＿＿＿　　挖槽设计深度＿＿＿＿＿＿＿＿＿＿

日期班次	单元槽段编号	单元槽段深度		本班挖槽深度(m)	本班挖土数量(m^3)	挖槽宽度(m)	槽垂直壁度	槽位偏差情况	备注
		本班开始时(m)	本班结束时(m)						

三、连续墙的施工设备

地下连续墙必须使用特殊设备进行成槽。因此连续墙技术的关键就是成槽机具。当前，使用的连续墙设备按照成槽机理大致可以分为冲击式、回转式、挖斗式和切割式等四种形式。各种挖槽设备的一般性能见表 5-4。

表 5-4 各种挖槽机械的一般适应性参考表

挖槽机械			导板抓斗	导杆抓斗	铲斗	冲击钻	重锤凿	滚刀钻	多头回转钻		备注
									低速	快速>180r/min	
挖槽深度(m)		<20	☆	☆	☆	☆	☆	☆	☆	☆	☆最适合 ○ 适合 △稍适合 ×不适合 但在特殊情况下也可采用，只是挖槽效率较低
		20~30	○	☆	☆	☆	○	☆	☆	☆	
		30~40	△	☆	○	☆	△	○	☆	○	
		40~50	△	○	△	☆	×	×	☆	△	
		50~60	×	△	×	○	×	×	△	×	
挖槽厚度(m)		<0.5	☆	☆	☆	☆	☆	☆	☆	☆	
		0.5~0.6	☆	☆	☆	☆	☆	☆	☆	☆	
		0.6~0.8	☆	☆	☆	☆	○	☆	☆	☆	
		0.8~1.0	○	☆	○	○	△	○	☆	○	
		1.0~1.2	△	○	×	△	×		☆	△	
		1.2~1.5	×	△	×	△	×	×	×	×	
地层	粘性土 N	≤4	☆	☆	☆	△	☆	☆	☆	☆	
		4~10	☆	☆	☆	○	☆	☆	☆	☆	
		10~20	☆	☆	☆	☆	☆	☆	☆	○	
		20~30	○	☆	○	☆	☆	☆	☆	△	
		>30	△	○	△	☆	○	○	☆	×	
	砂质土 N	<10	☆	☆	☆	☆	☆	☆	☆	☆	
		10~30	☆	☆	☆	☆	☆	☆	☆	○	
		~50	△	☆	☆	☆	☆	☆	☆	△	
		>50	△	○	△	☆	☆	○	☆	×	
	砾石卵石半径(cm)	<10	☆	☆	☆	☆	☆	☆	☆	☆	
		10~15	☆	☆	☆	☆	○	○	☆	○	
		15~20	○	○	○	☆	△	○	○	△	
		20~30	△	○	△	○	△	△	△	×	
		>30	×	△	×	△	×	×	×	×	
	岩石	软质岩石	×	×	×	☆	×	×	△	×	
		硬质岩石	×	×	×	△	×	×	×	×	
排土或清底方式		正循环	○			○				○	
		反循环	○	○	○	○	○	○	○	○	
		直接排土	○	○	○						
		自成泥浆(I_P≥10 时)				○				○	
公害		噪声	◇	◇	◆	◆	◇	◇	◇	◇	◇一般无影响
		振动	◇	◆	◇	◆	◇	◇	◆	◇	◆需注意

注：导板抓斗、导杆抓斗、铲斗和冲击钻可用吸泥泵和空气吸泥装置反循环清底和中途出渣。

§5.5 连续墙的施工规范

根据建设部颁发的连续墙施工规范，连续墙施工主要分六大部分：导墙施工、槽段开挖、泥浆配置与维护、钢筋笼制作及安装、混凝土浇筑和接缝处理以及工程验收等。

导墙施工：一般可采用现浇、预制混凝土或钢筋混凝土及其他材料构筑。导墙深度一般为1～2m，顶面应高于施工地面并保持水平。导墙内墙面应垂直，内外导墙墙面间距应为地下墙设计厚度加施工余量，一般为40～60mm。墙面与纵轴线距离的允许偏差为±10mm，内外导墙间距允许偏差为±5mm。

槽段开挖施工：开挖前应预先将地下墙划分为若干个单元槽段，其长度一般为4～6m。每个单元槽段可由若干个开挖段组成。槽壁及接头应保持垂直。清理槽底和置换泥浆结束1小时后，必须符合以下条件：槽底以上200mm处的泥浆比重应不大于1.20；沉淀物淤积厚度不应大于200mm。

泥浆要求：最好试用商品膨润土产品，泥浆性能符合如表5-5要求。

表5-5 泥浆性能要求

项次	测定指数	性能指标	检测方法
1	比重	1.05～1.25	泥浆比重计
2	粘度	18～25s	500/700CC 漏斗
3	含砂量	<4%	
4	胶体率	>98%	量杯
5	失水量	<30mm/30min	失水仪
6	泥皮厚度	1～3mL/30min	失水仪
7	静切力 1min 10min	20～30mg/cm² 50～100mg/cm²	静切力计
8	稳定性	≤0.02g/cm³	
9	pH值	7～9	pH试纸

施工期间，槽内泥浆面必须高于地下水位0.5m以上，但不低于导墙顶面0.3m。在城市施工时，应注意废泥浆的处理。

混凝土浇筑和接缝处理：混凝土的配合比按设计要求并通过试验确定，水灰比不应大于0.6，水泥用量不宜少于379kg/m³，坍落度为18～20cm，扩散度为34～38cm。骨料宜选中、粗砂及粒径不大于40mm的卵石或碎石。水泥宜采用普通硅酸盐水泥或矿渣硅酸盐水泥，可根据需要掺加外加剂。接头管和钢筋笼就位后，检查沉淀物的厚度并在4h内浇筑混凝土，超过4h后应重新清底。浇筑混凝土应采用导管法，槽内混凝土面上升速度不应小于2m/h，导管埋入混凝土内的深度不得小于1.5m，但不应大于6m。如果在一个槽段使用两根以上导管浇筑时，导管间距一般不应大于3m。导管距槽段端部不应大于1.5m，各导管处的混凝土表面的高差不应大于0.3m。浇筑混凝土时，顶面宜高于设计标高300～500mm。

第六章 锚固技术

我国是多山、丘陵的国家，基本建设和矿山开发过程中产生了许多高边坡的情况。以前由于国家经济实力有限，采取工程手段进行治理的工程不多，给国家和人民的生命财产造成了巨大的损失。而锚固技术是解决高边坡稳定和隧道工程的有效技术方法。通过应用锚固技术解决了许许多多的工程问题，保证了工程质量和工程的安全。锚固技术在我国具有广阔的市场前景。

§6.1 锚固的种类与特点

20 世纪 50 年代以前，锚固技术作为施工过程中的临时性措施。50 年代中期，国外在隧道工程广泛采用小型永久性的灌浆锚杆技术。60 年代以来，锚固技术得到迅速发展，广泛应用于铁路、公路、码头、桥梁、水利电力、房屋建筑等工程领域。

锚固技术是将一种新型受拉杆件的一端固定在边坡或地基的岩层或土层中，这种新型受拉杆件的固定端称为锚固端，另一端与其他物体联结，承受来自岩土体的压力，从而维持构筑物的稳定。

锚固施工主要包括：锚固材料、结构型式、张拉施工工艺与设备、设计方法以及理论研究、现场测试与工程应用等。

锚固技术有多种分类方法。

按拉杆材料分：木锚杆和金属锚杆；

按锚头型式分：机械型(楔缝式、内胀式)、胶结型(水泥沙浆、树脂型)；

按照控制变形不同施工方法分：普通锚杆和预应力锚杆；

按使用年限分：临时性锚杆和永久性锚杆。

灌浆锚杆，是指用水泥砂浆将一组钢拉杆锚固在伸向地层内部的钻孔中，并承受拉力的柱状锚体。在锚固工程中，以摩擦型的水泥砂浆锚杆使用最多。图 6－1 是灌浆锚杆组成示意图。

灌浆锚杆的钻孔方向一般沿水平向下倾斜 10°～45°，施工时钻孔的深度必须超过滑动面的厚度，在稳定的岩土层中达到足够的有效锚固长度。我们习惯称锚杆末端锚入岩土层内的有效锚固段所能承受的最大拉力为锚固段的极限抗拔力。影响岩土层锚杆拉拔能力的主要因素是砂浆的握固能力。因此，为了保证岩土层锚杆的可靠性，必须调查清楚岩土层的基本概况，依据岩土性质设计锚杆的参数。

§6.2 锚固的作用原理

锚杆是由锚固体、拉杆和锚头三部分组成。锚杆是将构筑物或其他作用力传给拉杆。拉杆是将来自锚杆头部的拉力传递给锚固体。我国常用的锚拉材料为热轧罗纹粗钢筋，直径采用

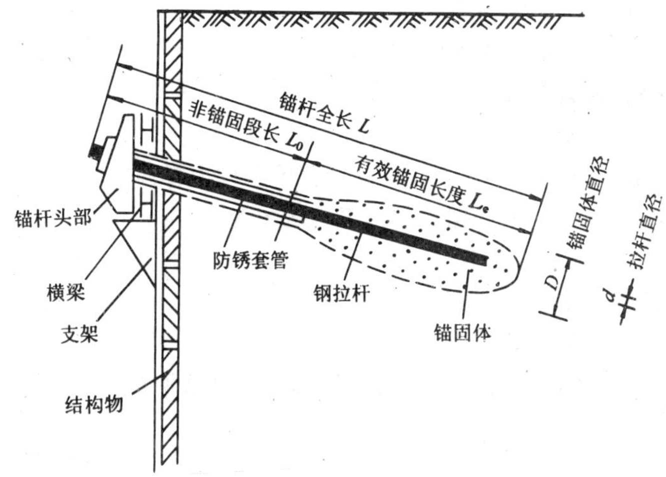

图 6-1　灌浆锚杆组成示意图

Φ22～Φ32mm。近年来，也采用 45SiMnV 高强度钢材，直径 Φ25mm，另外不少也使用钢绞线、钢丝束。锚固体是通过摩擦阻力传递给岩土层。如图 6-2 所示。

1. 计算锚杆的最小长度

受力分析：

(1) 拉力为 T；

(2) 砂浆的握固力为 u；

(3) 地层摩擦阻力为 τ；

(4) 钢筋的截面积 A；

(5) P_i 钢筋单位截面上的应力，$T_i = P_i A$。

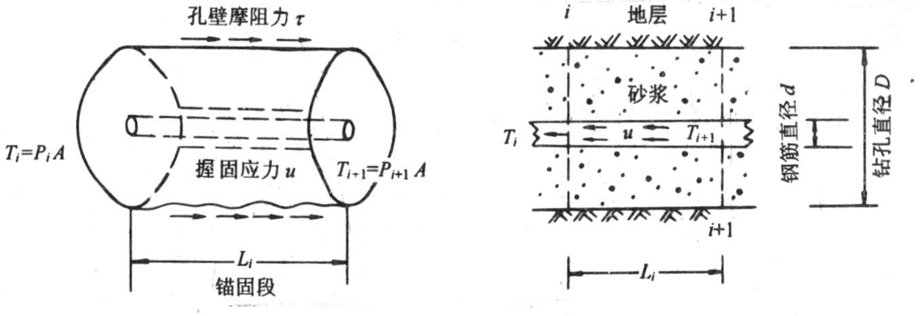

图 6-2　灌浆锚杆受力状态

锚杆的抗拔作用需要满足的条件：

(1) 锚固段的砂浆对于钢拉杆的握固力需能承受极限拉力；

(2) 锚固段岩土层对于砂浆的摩擦力需能承受极限拉力；

(3) 锚固岩土体在最坏的条件下仍能保持整体稳定性。

$$T_u \leqslant \pi d L_e u$$

式中：T_u——锚杆的极限抗拔力(kN)；

d——钢拉杆的直径(mm)；

L_e——锚杆的有效锚固长度(m)；

μ ——砂浆对于钢筋的平均握固应力(kN/m²)。

因此，钢筋的单位面积握固力为：

$$T_i - T_{i+1} = \mu_i \pi d L_i$$

由于锚杆受力复杂，实际工作中，一般在计算值的基础上提高10%～20%。由此计算锚杆所需的最小锚固长度 L_{emin}，且令锚杆钢筋的极限拉应力为 σ_s，则

$$(\pi d^2/4)\sigma_s = \pi d\ L_{emin}\ \mu$$

$$L_{emin} = \sigma_s\ d/4\mu$$

2. 计算锚固段孔壁的抗剪强度

锚杆的极限抗拔能力取决于锚固段地层对于锚固段砂浆所能产生的最大摩擦阻力，计算公式是：

$$T_u = \pi D L_e \tau$$

式中：T_u——柱状锚体的极限抗拔力(kN)；

D——锚杆钻孔的直径(m)；

L_e——锚杆的有效锚固长度(m)；

τ——锚固段周边的抗剪强度(kPa)。

锚固段孔壁的抗剪强度就是孔壁的破坏强度。造成破坏的原因有三种：① 砂浆接触面外围的岩层剪切破坏；② 沿着砂浆与孔壁的接触面剪切破坏；③ 接触面内砂浆的剪切破坏。

对于土层锚杆来说，土层的强度一般低于混凝土砂浆的强度，因此土层抗剪强度的计算公式为：

$$\tau = c + \sigma \tan\psi$$

或

$$\tau = c + K_0 \gamma h \tan\psi$$

式中：c——锚固区土层的粘聚力(kPa)；

ψ——土的内摩擦角；

σ——孔壁周边法向应力(kPa)；

h——锚固段以上的地层覆盖厚度(m)；

K_0——锚固段孔壁的土压力系数，一般取1。

§6.3 锚杆的设计

一、锚杆的设计程序

首先要对工程进行详细的工程地质勘查，掌握地质特征、特性，在此基础上依据锚杆的计算理论对锚固工程进行力学计算。具体设计程序见图6-3所示。

二、锚杆支护设计

1. 锚杆的类型

根据围岩地质情况、工程断面和使用条件，确定锚杆的类型：全长粘结型、端头锚固型、摩擦型、预应力型锚杆。

2. 全长粘结型锚杆设计的有关规定

(1) 杆体材料宜采用20号锰硅或25号锰硅钢筋，也可采用3号钢筋；

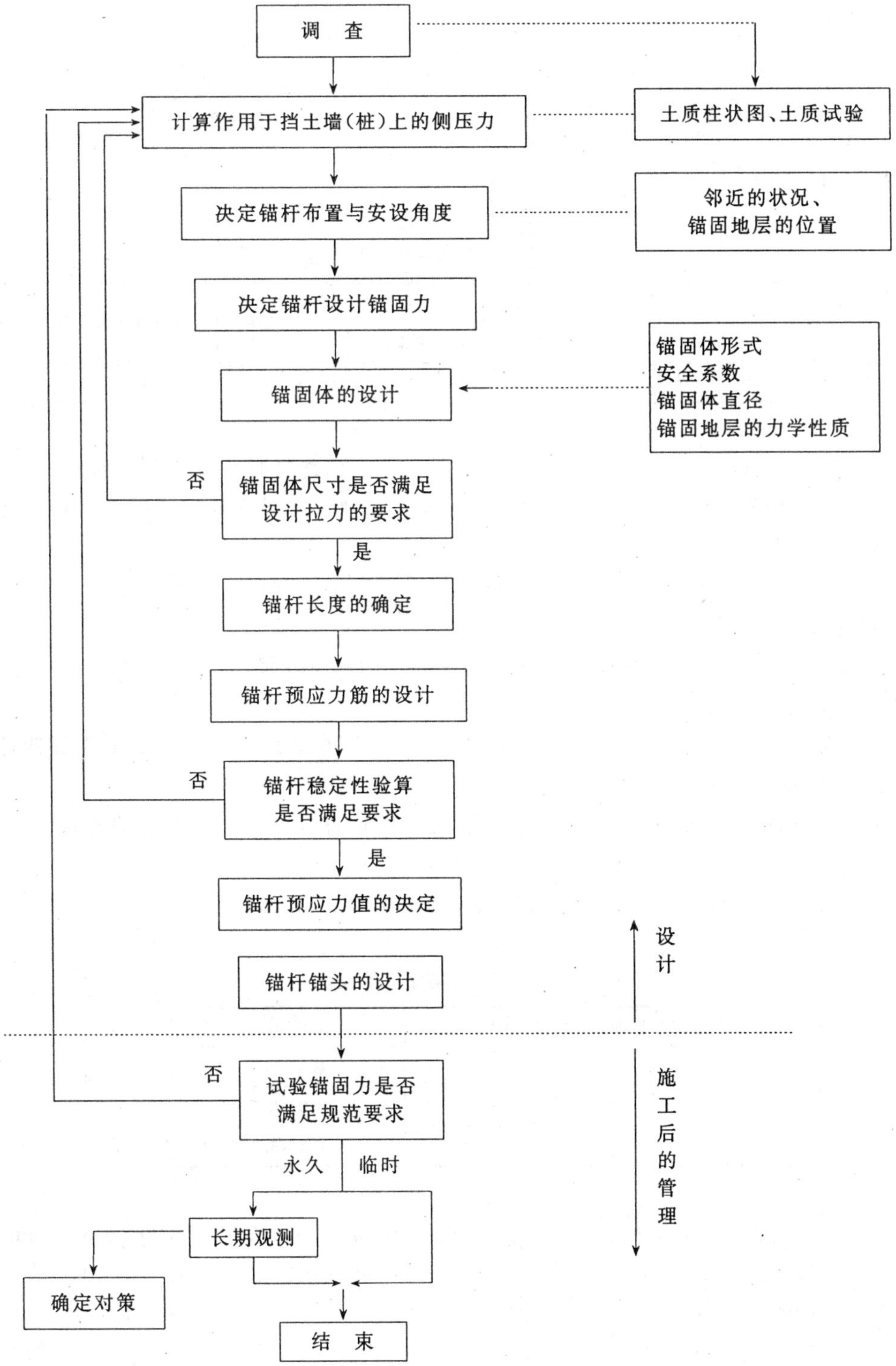

调　查
土质柱状图、土质试验
计算作用于挡土墙(桩)上的侧压力
决定锚杆布置与安设角度
邻近的状况、
锚固地层的位置
决定锚杆设计锚固力
锚固体形式
安全系数
锚固体直径
锚固地层的力学性质
锚固体的设计
否
锚固体尺寸是否满足
设计拉力的要求
是
锚杆长度的确定
锚杆预应力筋的设计
否
锚杆稳定性验算
是否满足要求
是
锚杆预应力值的决定
设
计
锚杆锚头的设计
否
试验锚固力是否
满足规范要求
施
工
后
的
管
理
永久
临时
长期观测
确定对策
结　束

图6-3　锚杆设计流程图

(2) 杆体钢筋直径应为 14～22mm；

(3) 水泥砂浆的强度等级不应低于 MM20；

(4) 锚杆设计抗拔力不应低于 50kN。

3. 端头锚固型锚杆设计的有关规定

(1) 杆体材料宜采用 20 号锰硅钢筋或 3 号钢筋；

(2) 杆体直径按表 6-1 选用；

表 6-1 端头锚固型锚杆的杆体直径

锚固形式	机械锚固			树脂锚固	快硬水泥卷锚固
	楔缝式	胀壳式	倒楔式		
杆体直径(mm)	20～25	14～22	14～22	16～22	16～22

(3) 树脂锚固剂的固化时间不应大于 10min，快硬水泥的终凝时间不应大于 12min；

(4) 树脂锚杆锚头的锚固长度宜为 200～250mm，快硬水泥卷锚杆锚头的锚固长度应为 300～400mm；

(5) 托板可用 3 号钢筋，厚度不宜小于 6mm，尺寸不宜小于 150mm×150mm；

(6) 锚头的设计锚固力不应低于 50kN；

(7) 工程服务年限大于 5 年的应在杆体与孔壁间注满水泥砂浆。

4. 摩擦型锚杆设计的有关规定

(1) 缝管锚杆体材料宜为 16 号锰硅钢或 20 号锰硅钢，壁厚为 2.0～2.5mm；楔管锚杆体材料可用 3 号钢，壁厚为 2.75～3.25mm；

(2) 缝管锚杆的外径为 38～45mm，缝宽为 13～18mm；楔管锚杆缝管段的外径为 40～45mm，缝宽不宜大于 20mm，圆管段内径不宜小于 27mm；

(3) 钻孔直径应小于摩擦型锚杆的外径，其差值可按表 6-2 选取；

表 6-2 摩擦型锚杆与钻孔的径差

岩石单轴饱和抗压强度(MPa)	径差(mm)
>60	1.5～2.0
30～60	2.0～2.5
<30	2.5～3.5

(4) 宜用碟形托板，材料为 3 号钢，厚度不应小于 4mm，尺寸不应小于 120mm×120mm；

(5) 杆体极限抗拉力不宜小于 120kN，挡环与管壁焊接处的抗脱力不应小于 80kN；

(6) 缝管锚杆的初锚固力不应小于 25kN/m。

5. 预应力锚杆设计的有关规定

(1) 当预张拉力大于 1 000kN 或锚固部位的岩体软弱破碎时，宜选用水泥砂浆胶结式内锚头，锚固段的砂浆强度不宜低于 30MPa。

(2) 当预张拉力小于 1 000kN，且锚固在中硬以上岩体时，宜采用胀壳机械式内锚头。

(3) 锚索体材料宜选用高强钢丝或多股钢绞丝，锚杆杆体材料宜选用 20 号锰硅钢、25 号锰硅钢钢筋。一般情况下，锚索或锚杆的张拉控制应力值应小于锚索或锚杆材料设计强度的65%。

(4) 钻孔壁同锚索或锚杆体之间必须注满砂浆。

6. 系统锚杆的布置原则

(1) 在隧道断面上，锚杆应与岩体主结构面成较大角度布置，当主结构面不明显时，可与隧道周边轮廓垂直布置。

(2) 在岩面上，锚杆宜成菱形排列。

(3) 锚杆间距不宜大于锚杆长度的1/2。

§6.4 锚固技术的施工要求

钻锚固孔时，应根据设计要求和围岩情况，确定孔的位置。锚杆孔距误差不宜超过150mm，预应力锚索孔距误差不宜超过200mm。预应力锚索的钻孔轴线与设计轴线的偏差角不应大于3°。

1. 锚杆孔深应符合如下规定

(1) 水泥砂浆锚杆孔深误差不宜大于±50mm。

(2) 胀壳式锚杆和倒楔式锚杆孔深应比锚杆杆体有效长度大50～100mm。

(3) 楔缝式锚杆、树脂锚杆和快硬水泥卷锚杆的孔深不应小于杆体有效长度，且不应大于杆体有效长度30mm。

(4) 摩擦型锚杆孔深应比杆体长50mm。

2. 锚杆孔径应符合如下规定

(1) 水泥砂浆锚杆孔径应大于杆体直径15mm。

(2) 树脂锚杆和快硬水泥卷锚杆孔径宜为42mm。

(3) 其他锚杆的孔径应符合设计要求。

3. 对全长粘结型锚杆施工要求

(1) 锚杆体使用前应平直、除锈、除油。

(2) 应采用粒径不大于2.5mm的中细砂，使用前过筛。

(3) 砂浆配合比：水泥∶砂为1∶1～1∶2(重量比)。

(4) 注浆开始或中途停止超过30min时，应用水或稀水泥浆润滑注浆罐及管路。

(5) 注浆时，注浆管应插至距孔底50～100mm，随砂浆的注入缓慢匀速拔出注浆管；锚杆体插入后，若孔口无砂浆溢出，应及时补充浆液。

(6) 锚杆体插入孔内长度不应小于设计规定的95%。锚杆安装后，不得随意敲击，3天内不得悬挂重物。

4. 端头锚固型锚杆施工

(1) 端头锚杆有胀壳式、楔缝式、倒楔式、树脂型、快硬水泥卷等锚杆。安装端头锚固型锚杆的托板时，螺帽的拧紧扭矩不应小于100N·m。

(2) 胀壳式锚杆施工应遵守下列规定：① 锚杆安装前，托板、胀壳、楔子与杆体要组装好，胀壳与楔子应临时固定，防止安装时脱落；② 锚杆组装后，楔子应在胀壳内顺利滑行；③ 当锚杆送入孔内设计深度后，立即拧紧杆体。

(3) 楔缝式锚杆安装前，楔子与杆体必须组装好，放入孔内，楔子不得偏斜。并立即上好托板，拧紧螺帽。

(4) 倒楔式锚杆安装前，楔形块体应错开 1/3 长度捆扎紧，防止安装时脱落。并立即上好托板，拧紧螺帽。

(5) 安装树脂锚杆应遵循的规定：① 安装机具可以用煤电钻或风动搅拌器，连接器必须与锚杆杆体同心；② 锚杆安装前，施工人员应先用杆体量测孔深，作出标记，然后用锚杆杆体将树脂卷送到孔底；③ 搅拌树脂时，应缓慢推进锚杆杆体，连续搅拌树脂的时间为 30 秒；④ 树脂搅拌完毕后，应立即在孔口处将锚杆杆体临时固定；⑤ 安装托板应在搅拌完毕 15min 后进行，当现场温度低于 5℃时，安装托板的时间可适当延长。

(6) 快硬水泥卷锚杆的施工注意事项：① 水泥卷应用塑料袋包装，存放在干燥的仓库内，防止潮湿；② 水泥卷在使用期内才能应用；③ 连续搅拌水泥卷的时间为 30～60s；④ 安装托板和紧固螺帽必须在搅拌完 20min 后进行。

5. 摩擦型锚杆

(1) 摩擦型锚杆主要有缝管锚杆和楔管锚杆

(2) 缝管锚杆的安装应遵循下列规定：① 往孔内推入锚杆杆体，可使用风动凿岩和专用连接器；② 凿岩机的工作风压不应小于 0.4MPa；③ 锚杆杆体在推入过程中，应使凿岩机、锚杆杆体和钻孔中心线在同一轴线上；④ 锚杆杆体应全部推入钻孔。

(3) 楔管锚杆的安装缝管锚杆一样。但要求伸人圆管段内的钢钎直径不大于 26mm。

6. 预应力锚索

(1) 锚索体加工的要求：表面没有损伤，编排钢丝或钢绞线时，要安装好排气孔，锚索体与内锚头等连接必须牢固。

(2) 支承墩的承力面应平整，并与锚索的受力方向垂直。

(3) 安装规定：① 机械式内锚头安装时，应采用活扣结扎，当内锚头到锚固位置后，再松绑固定；② 胶结式内锚头的胶结材料，可采用灰砂比为 1∶1、水灰比为 0.45～0.50 的水泥砂浆；③ 安装锚索时，必须保护好排气管。

(4) 锚索的张拉和锁定的规定：① 锚索张拉前应确定有关程序，考虑相互间的影响；② 锚索正式张拉前，应取 20%～30%的设计张拉荷载，并进行预张拉 1～2 次；③ 锚索正式张拉时，应拉至设计张拉荷载的 105%～110%，然后再锁定；④ 锚索锁定后 48h 内，如发现有明显应力松弛时，进行补偿张拉。

(5) 封孔灌浆的规定：① 预应力锚索均应封孔注浆；② 注浆前，应检查排气管是否通畅；③ 注浆材料及配合比符合胶结式内锚头胶结材料的有关规定；④ 水泥砂浆达到设计强度时，可切除外露的钢丝，切口位置至外锚具的距离不应小于 100mm。

§6.5 锚固技术在地质灾害治理工程中的应用实例

一、锚固技术在地质灾害中的应用综述

目前，锚固技术已广泛应用于岩土边坡的加固与滑坡治理，隧洞与地下工程的锚杆支护，坝基、坝体与闸墩构筑物的稳定与加固，深基坑支挡与围护，地下结构抗浮与抗倾覆稳定，悬索构筑物的地下抗拉结构及其锚碇等岩土工程领域。

锚固技术应用于高陡边坡的整治和加固处理的实例很多。如1986年开工建造的云南漫湾水电站是我国“七五”到“八五”期间的重点建设项目，坝型为混凝土重力坝，最大坝高132m。左岸坝基开挖过程中，1989年1月7日发生了较大面积的坍滑，产生体积约$5\times10^4m^3$坍滑，严重影响了工程进度。经研究采用锚固技术，采用了1 000～3 000kN的预应力锚索1 000多根，结合采用锚固洞塞、锚固桩等方法，有效地控制了滑坡，这是我国使用预应力长锚索加固边坡工程规模最大的范例。

二、在地质灾害防治工作中应用锚固技术的主要原因

1. 充分发掘岩土材料本身固有的能量，最大限度地调动岩土介质内在的强度和潜力。

2. 设法加强岩土体的自承和自稳能力。

3. 确保工程施工安全及岩土体的长期持续稳定。

三、锚固技术应用实例

1. 翠屏山滑塌治理工程

翠屏山滑坡位于四川省宜宾市，是由老滑坡复活而成的滑坡群，滑坡边界清晰，平面形态呈长舌状。滑坡轴长643m，宽170～300m，滑体厚10～48m，规模200万m^3。主要岩性有：软土、软岩、软弱夹层等。本实例引自贺模红等《锚拉桩施工技术》(中国地质灾害与防治学报，1999年12月第10卷第4期)

2. 森山滑坡防治工作

森山滑坡位于日本高知县森山地区。该区表土为崩积土，基岩为辉绿凝灰岩。滑坡的形成主要是水库的水位变化较大。1979年开始工程治理，主要使用方法是锚固技术。

锚固工程共设计施工614根S5－12锚索，锚索平均长度38.4m，总长度23 500m。每根锚索由12股直径为12.7mm的钢绞线组成，深入到稳定的基岩8m，与水平面的夹角为30°。该工程除采用地表排水系统外，还采用Φ66mm水平孔排除地下水，地面用框格工程防护。整个治理工程投资1.6亿元。

3. 重庆市南区路锚固工程

重庆市南区路片区改造工程，位于重庆交通枢纽地区。岩层呈单斜产出，层中平面X剪裂隙发育。基岩为中侏罗统上沙溪庙组的砂质泥岩、泥质砂岩夹薄层砂岩。强风化带厚度5m左右，其上覆盖厚15～18m的人工填土，结构松散。利用预应力锚索挡墙主要是挡护南区路干道南侧削坡后形成的临空面。本工程采取一次灌浆，无粘结锚固方法。挡土墙采用排列的复合桩锚索组合，共施工43根竖桩，平均桩间距3m，挡土墙总长度130m，高20m。每根桩上按3m间距，设不同角度5层锚索。共完成锚索孔216个，总进尺4 771m，压力灌浆231m^3，安放应力环8个。锚固采用OVM－15－5型锚板、夹具等，锚索为Φ15mm无粘结钢胶线或7根直径5mm的无粘结高强钢丝束，抗拉强度标准分别为1 470MPa和1 570MPa。锚索极限抗拔力1 100kN。灌注砂浆为M30，灌浆压力0.4～0.6 MPa。

4. 西河水库锚固工程

西河水库位于铜黄一级公路宜君段。该滑坡体形成以公路走向一致的张性裂缝，上面坡形成近似垂直的滑塌破裂面。主要岩层有：植被覆盖层、泥岩、砂岩、炭质页岩。滑坡体范围较大，长500多米，宽50～100m，并有增长的趋势。存在影响滑坡的三个阶段：一是山体边缘受边缘沉降效应的作用，形成隐性滑坡面，长期处于一种临界平衡状态，当滑坡体受诸如地质工程等外界力的作用时，这种临界平衡状态将被破坏。二是泥岩、炭质页岩遇到水膨胀分解，导致岩层的承载能力大大降低，上覆重载岩石的滑动速度明显加快，形成多阶次生滑坡面。三是砂岩节理发育，受力破坏形成的块状结构体较大，形成的滑动动能大，滑动速度快于其他岩石，导致形成的张性裂隙延展性很强，形成的主滑坡面可贯穿整个滑坡体。

根据工程勘察数据，决定采用锚固工程控制滑坡。锚索设计要求，采取钢绞线作为锚杆体。按坡度30°与滑坡体移动调控面形成的上覆岩层厚度，将锚索布局为上、中、下3排，最长锚索为46m，其中锚固段10m。每个锚索由9束7根直径5mm钢绞线组成，每股施加预应力80kN；锚索成孔角度30°，孔径130mm。同时，要求锚索的锚固段配置锚头、隔板固定钢绞线。注浆压力0.5MPa，结石强度达到5MPa。施工主要设备是MKD－5S型全液压钻机，英格索兰公司生产的MOPEL型VHP700移动式螺杆空气压缩机，UBJ－3型挤压式灰浆泵，Φ130mm螺旋钻具及潜孔锤等。

钻进工艺是：采用风动非循环螺旋钻进工艺。钻具级配是Φ73 mm主动钻杆＋Φ130 mm螺旋钻杆＋Φ90mm潜孔锤＋Φ130mm钎头。注浆材料是普通425硅酸盐水泥，粒径小于0.015mm的细砂。

5. *用预应力锚索整治堆积滑坡*

绵阳至三台公路K47＋245—＋455段右侧因1996年施工，引起坡体后缘和两侧形成了圈椅状裂缝，造成坡体下滑。直接威胁公路和滑坡体上的村民生命财产安全。此工程采用预应力锚索稳定滑坡体。

工程勘察表明，上覆分布为第四系冲坡积粉土夹砂岩质漂卵石、块碎石，土质含砂量大，结构松散，厚2.8～20.3m。下为古河床牛轭湖相沉积灰蓝色软流塑状淤泥质粉土透镜体，夹少量卵石、砾石、块碎石，厚0～8.3m。下伏基岩为白垩统七曲寺组粉砂质泥岩、细砂岩互层，中厚层状，节理裂隙发育，强风化带0.3～2.9m。滑坡体内地下水发育，地下水埋藏浅，一般在1.4～1.8m，地下水流向滑坡前缘。滑坡体内长期处于水饱和状态。

该滑坡体横向宽约210m，纵向长约100m，滑坡体厚0～20m，面积约12 000m^2，体积约15m^3。

根据滑坡分布范围、厚度及滑体受力条件，在中间地段采用预应力锚索固定较大的滑体，两端采用抗滑挡土墙稳定较小的滑体，然后修筑截水沟排除坡面地表水。

预应力锚索的设计参数为：锚索在边坡上设2～3排，纵向间距4m左右，锚杆长度18～30m，倾角45°～57°与边坡面大致垂直，锚固端设置于滑面下稳定岩层内8～10m，边坡面上采用C18钢筋混凝土，共设计锚固点105个，锚索由4Φ15.2mm高强度低松弛钢绞线和一根聚乙烯塑料管制作。锚索设计抗拔力550kN，张拉吨位600kN。锚索钻孔设计孔径Φ＝100～110mm。采取M25高标号水泥。锚索施工流程是制锚—钻孔—注浆—制梁—张拉锁定—封锚等工序。

第七章　环境保护与地质灾害防治政策法规

目前，我国自然灾害防治工作由不同的政府部门管理。地质灾害主要由国土资源部负责，地震灾害由中国地震局负责，洪水灾害由水利部负责，城市发生的各种灾害由建设部门负责。因此，我国至今还没有一个统一管理全国自然灾害的政府部门。各种政策法规，也是为适应不同部门的工作需要制定的。总体来说，由于受经济实力限制，我国减灾防灾的水平还比较低，还有许多工作要做。我们收集这些法规的主要目的是使广大技术人员对我国灾害防治、管理的总体情况，对我国自然灾害法规有一个整体的了解，这样可以减少实际工作中的外部影响，提高工作效率。

§7.1　地质灾害防治管理办法

（国土资源部令第 4 号，1999 年发布）

第一章　总　则

第一条　为预防和治理地质灾害，减轻地质灾害造成的损失，维护人民生命和财产安全，保障社会主义现代化建设顺利进行，制定本办法。

第二条　本办法所称地质灾害，是指由于自然产生和人为诱发的对人民生命和财产安全造成危害的地质现象，主要包括崩塌、滑坡、泥石流、地面塌陷、地裂缝、地面沉降等。

第三条　中华人民共和国境内地质灾害的防治管理，适用于本办法。但地震灾害的防御管理除外。

第四条　防治地质灾害，实行预防为主、避让与治理相结合的方针。

第五条　县级以上人民政府地质矿产行政主管部门对本行政区域内的地质灾害防治工作实行统一管理。

第六条　从事生产、建设活动的单位和个人，应当采取必要措施，防止诱发或者加重地质灾害。

第七条　各级人民政府地质矿产行政主管部门鼓励在地质灾害防治中运用先进适用科学技术，开展地质灾害防治知识的宣传教育，提高防治地质灾害的能力。

第二章　规　划

第八条　县级以上人民政府地质矿产行政主管部门负责组织开展本行政区域内的地质灾害调查。

第九条　国务院地质矿产行政主管部门组织编制全国地质灾害防治规划。

县级以上地方人民政府地质矿产行政主管部门根据上一级人民政府地质矿产行政主管部

门组织编制本行政区域内的地质灾害防治规划。

跨行政区域的地质灾害防治规划，由其共同的上一级人民政府地质矿产行政主管部门组织编制。

第十条　地质灾害防治规划，应当包括下列内容：

（一）地质灾害现状；

（二）防治目标；

（三）防治原则；

（四）易发区和危险区的划定；

（五）总体部署和主要任务；

（六）基本措施；

（七）预期效果。

第十一条　地质灾害防治规划，必须根据实际情况划定地质灾害易发区和地质灾害危险区。

地质灾害易发区是指容易产生地质灾害的区域。

地质灾害危险区是指明显可能发生地质灾害且将可能造成较多人员伤亡和严重经济损失的地区。

第三章　预　防

第十二条　县级以上地方人民政府地质矿产行政主管部门按照国务院地质矿产行政主管部门的规定，编制本行政区域的年度地质灾害防灾预案，报同级人民政府审查批准后组织实施。

地质灾害防灾预案的内容包括：

（一）地质灾害监测、预防重点；

（二）主要地质灾害危险点的威胁对象、范围；

（三）主要地质灾害危险点的监测、预防责任人；

（四）主要地质灾害危险点的预警信号、人员和财产转移路线。

第十三条　对地质灾害应当实行动态监测。国务院地质矿产行政主管部门负责制定监测规范。县级以上地方人民政府地质矿产行政主管部门会同有关部门建立地质灾害监测网络。

负责监测任务的单位和个人，必须按照监测规范开展监测活动。

第十四条　县级人民政府地质矿产行政主管部门负责在地质灾害危险区边界上设立明显标志。

地质灾害危险区内，禁止从事容易诱发地质灾害的各种活动。

第十五条　城市建设、有可能导致地质灾害发生的工程项目建设和在地质灾害易发区内进行工程建设，在申请建设用地之前必须进行地质灾害危险性评估。评估结果由省级以上地质矿产行政主管部门认定。不符合条件的，土地行政主管部门不予办理建设用地审批手续。

第十六条　地质灾害危险性评估包括下列内容：

（一）工程建设可能诱发、加剧地质灾害的可能性；

（二）工程建设本身可能遭受地质灾害危险的危险性；

（三）拟采取的防治措施。

第十七条　地质灾害防治管理实行预报制度。预报内容主要包括：

（一）发生时间；

（二）发生地点；

（三）成灾范围；

（四）影响强度。

第十八条　地质灾害的预报分为长期、中期、短期和临灾预报。

地质灾害长期预报，是指五年以上的地质灾害危险性的预报。包括地质灾害区划和易发区的圈定。

地质灾害中期预报，是指几个月到五年内将要发生地质灾害的预报。

地质灾害短期预报，是指几天到几个月内将要发生地质灾害的预报。

地质灾害临灾预报，是指几天之内将要发生地质灾害的预报。

第十九条　地质灾害长期预报和重要灾害点的中期预报由省、自治区、直辖市人民政府地质矿产行政主管部门提出，报省、自治区、直辖市人民政府发布。

地质灾害的短期预报和一般灾害点的中期预报，由县级以上地方人民政府地质矿产行政主管部门提出，报同级人民政府发布。

地质灾害的临灾预报由县级以上地方人民政府地质矿产行政主管部门提出，报同级人民政府发布。

群众监测点的地质灾害预报，由县级人民政府地质矿产行政主管部门或其委托的组织发布。

鼓励单位和个人提供地质灾害前兆信息。

第四章　治　理

第二十条　地质灾害治理责任，由县级以上人民政府地质矿产行政主管部门组织界定。

第二十一条　主要由自然作用形成的地质灾害，由当地人民政府地质矿产行政主管部门提出治理方案，报同级人民政府批准后组织实施。

第二十二条　主要由人为活动诱发的地质灾害，由诱发者承担治理责任。

地质灾害治理责任应当包括下列内容：

（一）提供地质灾害治理所需经费；

（二）制定或委托制定地质灾害治理方案；

（三）向有关部门报送地质灾害治理方案；

（四）承担或委托承担地质灾害治理工程。

治理责任人拟定的地质灾害治理方案，应当符合国务院地质矿产行政主管部门规定的地质灾害治理工程设计规范，按规定的程序报县级以上人民政府地质矿产行政主管部门审批。

治理方案有重大改变的，必须报原审批机关重新审批。

第二十三条　地质灾害治理工程的施工，应当依据经批准的治理方案。

在地质灾害治理工程的施工过程中，建设单位和施工单位必须对已有的地质灾害险情进行监测，制定出现突发性异变情况时的应急措施。

第二十四条　地质灾害治理工程竣工后，必须经治理方案的审批机关组织验收。

禁止侵占、损毁或者破坏地质灾害治理工程设施。确有必要变动、关闭或者拆除的，必须征得原验收机关的同意。

第二十五条　承担地质灾害防治工程勘查、设计、施工及监理的单位，应当按照有关规定，取得相应的资格，领取资质证书。

第五章　奖励与惩罚

第二十六条　对在地质灾害防治管理工作中作出显著成绩的单位和个人，由地质矿产行政主管部门向当地人民政府提出建议给予表彰与奖励。

(一) 在执行地质灾害防治管理任务时，组织严密，指挥得当，防治得力，出色完成任务者；

(二) 从事生产建设时，防治措施有效，防止诱发或者防止加重地质灾害成绩突出者；

(三) 采用先进科学技术，防治地质灾害成绩突出者；

(四) 提供地质灾害前兆信息取得显著防灾效果者；

(五) 保护地质灾害治理工程设施成绩显著者；

(六) 在抢险救灾工作中，保护国家和人民财产、抢救群众有功者；

(七) 有其他特殊贡献，成绩显著的。

第二十七条　违反本办法规定，有下列行为之一的，由县级以上人民政府地质矿产行政主管部门视不同情节处以警告或者按照国务院规定的数额罚款；应当给予治安管理处罚的，依照《中华人民共和国治安管理处罚条例》的规定处罚；构成犯罪的，依法追究刑事责任：

(一)在地质灾害危险区内从事容易诱发地质灾害活动的；

(二) 故意发布虚假的地质灾害预报信息造成损失的；

(三) 侵占、盗窃、毁损或者破坏地质灾害监测、治理工程设施的；

(四) 阻碍防治地质灾害工程施工的；

(五) 不按防灾预案要求承担监测预防任务的；

(六) 人为诱发地质灾害的责任者，不履行治理责任的；

(七) 负责地质灾害防治管理工作的国家工作人员徇私舞弊、滥用职权或者玩忽职守的；

(八) 其他危害地质灾害防治管理工作的。

第六章　附　则

第二十八条　本办法自发布之日起施行。

§7.2　建设工程抗御地震灾害管理规定

（建设部令第38号，1994年发布）

第一章　总　则

第一条　为加强对城乡建设、工程建设抗御地震灾害(以下简称抗震工作的管理)，最大限度地减轻地震灾害，制定本规定。

第二条　本规定适用于抗震设防地区。

第三条　抗震工作实行预防为主、平震结合的方针。

抗震计划应纳人各级政府的国民经济和社会发展计划，并分别组织实施。

第四条　抗震工作的任务：贯彻执行抗震工作的法律、法规；制定抗震工作规章；组织制定抗震工作的规划、计划；负责管理工程（房屋、工程设施、构筑物等）的抗震设防和抗震加固；编制、实施抗震防灾规划和综合抗震防御体系区域规划；调查、评估震后工程震害；参与、指导抢修、排险和震后恢复重建。

第五条　国务院建设行政主管部门综合管理全国城乡建设、工程建设的抗震工作；

国务院有关行政主管部门负责本系统的抗震工作；

县级以上地方人民政府建设行政主管部门负责管理本行政区域内的抗震工作。

第六条　各级建设行政主管部门及有关单位应积极开展抗震宣传教育工作，普及抗震知识；推动和加强抗震科学技术研究，推广先进技术；积极开展国际抗震科学技术合作与学术交流。

第七条　任何单位和个人都有参加抗震活动的义务。

建设行政主管部门及有关单位对在抗震活动中作出突出贡献的单位、个人应当给予表彰和奖励。

第八条　新建工程抗震设防费用应纳入基本建设投资计划。抗震加固经费源于地方、部门财力和单位自筹。有重要文物价值和纪念性建筑等特殊工程项目，可按管理权限申请专项经费。

对进行抗震加固的工程，可免于征收建筑税。

凡列入抗震的专用经费，严禁挪作它用。

第二章　抗震防灾规划

第九条　城市和大型工矿企业都必须编制抗震防灾规划。城市抗震防灾规划是城市总体规划的专业规划，应与城市总体规划相协调。城市抗震防灾规划由城市建设行政主管部门会同有关部门共同编制。大型工矿企业抗震防灾规划由企业组织编制，并应纳入企业发展规划。

第十条　抗震防灾规划的内容主要包括：规划纲要，工程震害预测，抗震设防区划，生命线工程、房屋、工程设施及设备的抗震设防和加固，地震次生灾害的预防，避震场地的布置和疏散道路的安排，震时应急反应和工程排险抢修预案等。

第十一条　省会城市、百万人口以上大城市的抗震防灾规划由国务院建设行政主管部门审批；国家重点抗震城市的抗震防灾规划由省、自治区建设行政主管部门审批，报国务院建设行政主管部门备案；其他城市的抗震防灾规划由当地人民政府审批；大型工矿企业的抗震防灾规划由企业主管部门审批。

第十二条　城市抗震防灾规划由城市建设行政主管部门会同有关部门共同组织实施；大型工矿企业抗震防灾规划由企业组织实施。

第十三条　地震时可能发生严重次生灾害的工程，不得建在市区，已建在市区的应结合城市改造逐步迁出。

第十四条　参照国家地震行政主管部门提供的地震趋势意见和有震情背景地区的政治、经济、文化等因素，由国务院建设行政主管部门确定抗震重点防御区。抗震重点防御区跨省、自治区、直辖市的，应组成跨地区的协调机构开展区域内的抗震工作。

第十五条　抗震重点防御区的建设行政主管部门应组织有关行业部门共同编制综合抗震防御体系区域规划，其内容主要包括：区域性的库坝、邮电、电力、铁道、交通等以及城市和农村抗震对策、措施及震后开展地区或城市间的相互协调、支援等。

第十六条　综合抗震防御体系区域规划在同一省内的，由省、自治区、直辖市人民政府审批;跨省、自治区、直辖市的,由国务院建设行政主管部门审批。

第三章 抗震设防

第十七条 新建、改建、扩建工程必须进行抗震设防,不符合抗震设防标准的工程不得进行建设。

第十八条 新建工程的抗震设防在进行选址、可行性研究时应按国务院计划行政主管部门、国务院建设行政主管部门的有关规定,提出抗震设防依据、工程建设场地抗震安全评价、设防标准及方案论证等。

第十九条 工程建设场地抗震安全评价、抗震设防标准、设防烈度应按国务院建设行政主管部门有关规定和有关抗震设计规范执行,任何单位和个人不得随意提高或降低。凡需要提高设防烈度和设防标准(包括工程项目或工程项目的一些关键部位)的,应报国务院建设行政主管部门批准。

第二十条 勘察、设计单位应按规定的业务范围承担工程项目的抗震设计(勘察),并承担相应的抗震设计质量责任。

第二十一条 建设行政主管部门应会同有关部门对工程项目抗震设计质量进行审查、监督。

第二十二条 施工单位应严格按图纸施工,遵守有关施工规程和规范,对抗震设防措施不得任意更改。

第二十三条 各级工程质量监督部门,对工程质量进行检查时,应同时对抗震设防措施进行监督和检查。凡不符合抗震设防要求的工程,应令其补强、返工以至停工。

第二十四条 凡新建工程采用新技术、新材料和新结构体系,均应通过相应级别的抗震性能鉴定,符合抗震要求,方可推广使用。

第二十五条 村镇建设中的公共建筑、统建的住宅及乡镇企业的生产、办公用房,必须进行抗震设防;其他建设工程应根据当地经济发展水平,按照因地制宜、就地取材的原则,采取抗震措施,提高村镇房屋的抗震能力。

第四章 抗震鉴定与加固

第二十六条 凡未经抗震设防的房屋、工程设施和设备,除本规定第二十七条第二款外,均应按现行的抗震鉴定标准和加固技术规程进行鉴定和加固,以达到应有的抗震能力。

第二十七条 抗震加固应与城市改造规划,单位及个人的房屋维修,大修计划及企业的技术改造相结合。除有短期地震预报外,对列入城市近期改建、企业改造计划的房屋、工程设施和设备可不进行抗震加固。对临时性建筑不进行抗震鉴定、加固。

第二十八条 抗震加固应突出重点,确保有关国计民生的重要工程和生命线工程的抗震能力。

对有重要文物价值和纪念性建筑的抗震加固,应注意保持建筑物的原有风貌。

第二十九条 抗震加固必须严格按照鉴定、加固设计、审查和加固施工及竣工验收的程序进行。

第三十条 经鉴定不符合抗震设防要求的房屋、工程设施和设备均由产权所有者负责进行抗震加固,提出加固计划,并按建设行政主管部门批准的计划限期完成。

第三十一条 凡属抗震加固范围内的房屋工程设施和设备,产权所有者有参加抗震加固保险的义务，其保险费按国家有关规定执行。

第五章　震后恢复重建

第三十二条　破坏性地震发生后，建设行政主管部门应组织有关部门详细调查和核实地震对城乡建设、工程建设造成的灾害，并尽快提出恢复重建规划。

第三十三条　恢复重建规划应根据震害情况，按照一次规划、分期实施、先重点后一般的原则组织编制，经当地人民政府批准后实施。

第三十四条　恢复重建的抗震设防标准，必须经上级建设行政主管部门批准后执行。

第三十五条　对震损房屋、工程设施及设备的拆除，必须严格按国家有关规定执行。

第三十六条　遭受严重破坏的城市，应根据恢复重建规划进行重建。确需异地重建的城市，建设行政主管部门应会同有关部门对城市新址进行科学论证，经上级人民政府批准后实施。

第三十七条　在地震灾区村镇建设中，应对抗震性能差的传统结构及建造方法予以改进，并在重建中推广应用抗震性能好的结构形式及建造方法。

第六章　罚则

第三十八条　有下列行为之一者，县级以上人民政府建设行政主管部门给予警告、通报批评、责令限期完成，并可处以罚款：

（一）未按规定编制城市或企业抗震防灾规划、综合抗震防御体系区域规划的；

（二）新建工程未按规定进行抗震设防的；

（三）未按规定进行抗震加固的；

（四）未按规定拆除震损房屋、工程设施及设备的。

第三十九条　有下列行为之一者，县级以上人民政府建设行政主管部门给予警告、通报批评、停止施工、降低资质等级，并可处以罚款：

（一）未按抗震设计规范或擅自提高、降低抗震设防标准的；

（二）擅自更改或取消抗震设防措施的；

（三）使用未经抗震鉴定的新技术、新材料或新结构体系的。

第四十条　挪用抗震经费和材料、破坏抗震设施，情节严重，构成犯罪的，由司法机关依法追究刑事责任。

第四十一条　抗震管理工作人员玩忽职守、滥用职权、徇私舞弊的，由其所在单位或上级主管部门给予行政处分，情节严重，构成犯罪的，由司法机关依法追究刑事责任。

第七章　附　则

第四十二条　本规定下列用语的含义是：

（一）抗震设防地区是指地震烈度为六度及六度以上地区和今后有可能发生破坏性地震的地区；

（二）抗震设防区划是指，根据一个城市内不同地区（段）地震地质、工程地质、水文地质、历史地震的区别，反映其地震作用强度和震害分布的差异，在综合考虑城市不同地区（段）功能和工程结构特点等因素的基础上，确定不同地区的设防烈度和设计地震动参数；

（三）生命线工程是指对城市功能、人民生活和生产活动有重大影响的供电、供水、供气、供热、交通、通讯枢纽、医疗卫生、消防等工程系统；

（四）次生灾害是指地震时由于工程结构、设施、设备等破坏或地表的变化（如滑坡、地裂、错动、喷砂等）而引起的二次或三次灾害。诸如因地震引起的水灾、火灾、爆炸、海啸、有毒物质的扩散、放射性物质的逸散、疫病蔓延等。

第四十三条　省、自治区、直辖市建设行政主管部门和国务院有关部门，可根据本规定制定实施办法。

第四十四条　本规定由国务院建设行政主管部门负责解释。

第四十五条　本规定自一九九四年十二月一日起执行。

§7.3　全国生态环境建设规划

（1999 年 1 月）

生态环境是人类生存和发展的基本条件，是经济、社会发展的基础。保护和建设好生态环境，实现可持续发展，是我国现代化建设中必须始终坚持的一项基本方针。发挥社会主义制度的优越性，发扬艰苦创业精神，大力开展植树种草，治理水土流失，防治荒漠化，建设生态农业，经过一代一代人长期地、持续地奋斗，建设祖国秀美山川，是把我国现代化建设事业全面推向21 世纪的重大战略部署。全面实施这项跨世纪的宏伟工程，既是中华民族发展史上的伟大壮举，也是履行有关国际公约的实际行动和对世界文明作出的重要贡献。为此，国家制定具有长期指导作用的全国生态环境建设规划，并纳人国民经济和社会发展计划。

从我国生态环境保护和建设的实际出发，本规划仅对全国陆地生态环境建设的一些重要方面进行规划，主要包括：天然林等自然资源保护、植树种草、水土保持、防治荒漠化、草原建设、生态农业等。

一、我国生态环境建设概况

建国以来，我国各族人民在中国共产党领导下，发扬艰苦奋斗精神，为改善生态环境作出了巨大努力，取得了很大成绩，并积累了大量宝贵的经验。特别是改革开放以来，国家先后实施“三北”防护林、长江中上游防护林、沿海防护林等一系列林业生态工程，开展黄河、长江等七大流域水土流失综合治理，加大荒漠化治理力度，推广旱作节水农业技术，加强草原和生态农业建设，使我国的生态环境建设进入了新的发展阶段。40 多年来，全国累计治理水土流失面积 67 万 km^2，修梯田、修坝地、治沙造田 $1.067\times10^{11}m^2$（1 067 万公顷），人工造林保存面积 $3.425\times10^{11}m^2$（3 425 万公顷），飞播造林 $2.533\times10^{11}m^2$（2 533 万公顷），封山育林 $3.407\times10^{11}m^2$（3 407 万公顷），森林覆盖率提高到 13.92%（按郁闭度大于 0.3 计算，如按国际通行的郁闭度大于 0.2 计算，相当于 15.25%）。建成 50 个生态农业示范县和 2 000 多个生态农业示范点，人工种草和改良草地保留面积 $1.482\times10^{11}m^2$（1 482 万公顷）。在生态环境建设方面作出的各种努力正在并将继续对国民经济和社会可持续发展产生积极的影响，但是，应当清醒地看到，我国自然生态环境仍很脆弱，生态环境恶化的趋势还没有遏制住。主要表现在：

——水土流失日趋严重。全国水土流失面积 367km^2，约占国土面积的 38%。近年来，很多地区水土流失面积、侵蚀强度、危害程度呈加剧的趋势，全国平均每年新增水土流失面积 1 万 km^2。

——荒漠化土地面积不断扩大。全国荒漠化土地面积已达262万km^2，并且每年还以2 460km^2的速度扩展。

——大面积的森林被砍伐，天然植被遭到破坏，大大降低其防风固沙、蓄水保土、涵养水源、净化空气、保护生物多样性等生态功能。毁林开垦、陡坡种植、围湖造田等加重了自然灾害造成的损失。

——草地退化、沙化和碱化(以下简称"三化")面积逐年增加。全国已有"三化"草地面积$1.35\times10^{12}m^2$(1.35亿公顷)，约占草地总面积的1/3，并且每年还在以$2\times10^{10}m^2$(200万公顷)的速度增加。一些地区为了短期利益，不合理开垦草原，加剧土地的荒漠化。

——生物多样性受到严重破坏。我国已有15%～20%的动植物种类受到威胁，高于世界10%～15%的平均水平。

日益恶化的生态环境，给我国经济和社会带来极大危害，严重影响可持续发展。一是加剧贫困程度。目前，全国农村贫困人口90%以上生活在生态环境比较恶劣的地区。恶劣的生态环境是当地群众贫困的主要根源。二是加剧经济和社会发展的压力。我国人多地少，土地后备资源匮乏，如果不能有效地控制水土流失和土地荒漠化，将严重影响我国的可持续发展。三是加剧自然灾害的发生。由于降雨量减少和水土流失等原因，黄河河道淤积越来越严重，加之超量用水，断流时间越来越长，长此下去，黄河有可能成为间歇性河流；由于不合理开发，长江流域植被减少，土壤流失，崩塌、泥石流等灾害频繁发生，泥沙量逐年增加，威胁中下游地区经济和社会发展。全国每年因干旱、洪涝等各种灾害造成的损失呈大幅度增长之势。

二、生态环境建设的指导思想和奋斗目标

我国生态环境建设的指导思想是：高举邓小平理论伟大旗帜，充分发挥社会主义制度的优越性，调动全社会各方面的力量，坚持从我国的国情出发，遵循自然规律和经济规律，紧紧围绕我国生态环境面临的突出矛盾和问题，以改善生态环境、提高人民生活质量、实现可持续发展为目标，以科技为先导，以重点地区治理开发为突破口，把生态环境建设与经济发展紧密结合起来，处理好长远与当前、全局与局部的关系，促进生态效益、经济效益与社会效益的协调统一。

我国生态环境建设遵循的基本原则是：坚持统筹规划，突出重点，量力而行，分步实施，优先抓好对全国有广泛影响的重点区域和重点工程，力争在短时间内有所突破；坚持按客观规律办事，从实际出发，因地制宜，讲求实效，采取生物措施、工程措施与农艺措施相结合，各种治理措施科学配置，发挥综合治理效益；坚持依法保护和治理生态环境，依靠科技进步加快建设进程，建立法律法规保障体系和科技支撑体系，使生态环境的保护和建设法制化，工程的设计、施工和管理科学化；坚持以预防为主，治理与保护、建设与管理并重，除害和兴利并举，实行"边建设、边保护"，使各项生态环境建设工程发挥长期效益；坚持把生态环境建设与产业开发、农民脱贫致富、区域经济发展相结合；坚持依靠亿万群众，广泛动员全社会的力量共同参与，建立多元化的投入机制，多渠道筹集生态环境建设资金。

我国生态环境建设的总体目标是：用大约50年的时间，动员和组织全国人民，依靠科学技术，加强对现有天然林及野生动植物资源的保护，大力开展植树种草，治理水土流失，防治荒漠化，建设生态农业，改善生产和生活条件，加强综合治理力度，完成一批对改善全国生态环境有重要影响的工程，扭转生态环境恶化的势头。力争到21世纪中叶，使全国适宜治理的水土流失地区基本得到整治，适宜绿化的土地植树种草，"三化"草地基本得到恢复，建立起比较完善的生态环境预防监测和保护体系，大部分地区生态环境明显改善，基本实现中华大地山川秀美。

到21世纪中叶，我国生态环境建设分近期、中期和远期三个阶段进行规划。各阶段的奋斗目标是：

（一）近期目标

从现在起到2010年，用大约12年的时间，坚决控制住人为因素产生新的水土流失，努力遏制荒漠化的发展。生态环境特别恶劣的黄河长江上中游水土流失重点地区以及严重荒漠化地区的治理初见成效。主要奋斗目标是：到2010年，新增治理水土流失面积60万km^2，治理荒漠化土地面积$2.2\times10^{11}m^2$（2 200公顷）；新增森林面积$3.9\times10^{11}m^2$（3 900公顷），森林覆盖率达到19%以上（按郁闭度大于0.2计算，下同）；改造坡耕地$6.7\times10^{10}m^2$（670万公顷），退耕还林$5\times10^{10}m^2$（500万公顷），建设高标准、林网化农田$1.3\times10^{11}m^2$（1 300万公顷）；新建人工草地、改良草地$5\times10^{11}m^2$（5 000万公顷），治理"三化"草地$3.3\times10^{11}m^2$（3 300万公顷）；建设一批节水农业、旱作农业和生态农业工程；改善野生动植物栖息环境，自然保护区占国土面积达到8%。在生态环境重点区域建立预防监测和保护体系。

从现在起到2003年是实现近期目标的关键时期。要力求起好步，开好局。采取切实有效措施，加快水土流失和荒漠化土地治理步伐，有效遏制黄河上中游等重点区域生态环境继续恶化的趋势。有计划地停止天然林的采伐和湿地开发，坚决禁止毁林毁草开垦和围湖造地，对过度开垦、围垦的土地，要有计划有步骤地还林还草还湖，逐步将25°以上的陡坡地退耕还林还草，25°以下的坡地实现梯田化。改善农业基础条件，建设高产稳产基本农田，推广先进农业技术，发展旱作节水农业，稳定解决贫困地区的脱贫问题，减轻经济活动对自然生态环境的压力。到2003年，新增治理水土流失面积30万km^2，治理荒漠化土地面积$9.6\times10^{10}m^2$（960万公顷）；新增森林面积$2.5\times10^{11}m^2$（2 500公顷），森林覆盖率达到17.6%以上，新增自然保护区面积$8\times10^{10}m^2$（800公顷）；改造坡耕地$3\times10^{10}m^2$（300万公顷），退耕还林$3\times10^{10}m^2$（300万公顷），建设高标准、林网化农田面积$6\times10^{10}m^2$（600万公顷）；新建人工草地、改良草地$2\times10^{11}m^2$（2 000万公顷），治理"三化"草地$1.5\times10^{11}m^2$（1 500万公顷）。在重点区域建设一批水土保持、节水灌溉、旱作农业和生态农业示范工程，建立全国生态环境预防监测体系。

（二）中期目标

从2011—2030年，在遏制生态环境恶化的势头之后，大约用20年的时间，力争使全国生态环境明显改观。这一时期的主要奋斗目标是：全国60%以上适宜治理的水土流失地区得到不同程度整治，黄河长江上中游等重点水土流失区治理大见成效；治理荒漠化土地面积$4\times10^{11}m^2$；新增森林面积$4.6\times10^{11}m^2$（4 600万公顷），全国森林覆盖率达到24%以上，各类自然保护区面积占国土面积达到12%；旱作节水农业和生态农业技术得到普遍运用，新增人工草地、改良草地$8\times10^{11}m^2$（8 000万公顷），力争一半左右的"三化"草地得到恢复。重点治理区的生态环境开始走上良性循环的轨道。

（三）远期目标

从2031—2050年，再奋斗20年，全国建立起基本适应可持续发展的良性生态系统。主要奋斗目标是：全国适宜治理的水土流失地区基本得到整治，宜林地全部绿化，林种、树种结构合理，森林覆盖率达到并稳定在26%以上；坡耕地基本实现梯田化，"三化"草地得到全面恢复。全国生态环境有很大改观，大部分地区基本实现山川秀美。

三、全国生态环境建设总体布局

我国地域辽阔，区域差异大，生态系统类型多样。东部地区，地势低平，气候湿润，雨热同季，经济比较发达，生态环境相对较好。西部地区，降雨稀少，干旱高寒，交通不便，经济欠发达，生态环境恶劣，林草植被一旦遭受破坏，极难恢复。中部地区，处于东部平原和西部高原的过渡带，地形复杂，生态环境脆弱，长期以来由于资源过度利用，自然生产力遭到破坏，水土流失和土地荒漠化问题最为严重，是生态环境治理的重点区域。针对上述特点，参照全国土地、农业、林业、水土保持、自然保护区等规划的区域，将全国生态环境建设划分为八个类型区域。

（一）黄河上中游地区

本区域包括晋、陕、蒙、甘、宁、青、豫的大部或部分地区。生态环境问题最为严峻的是黄土高原地区，总面积约 64km^2，是世界上面积最大的黄土覆盖地区，气候干旱，植被稀疏，水土流失十分严重，水土流失面积约占总面积的 70%，是黄河泥沙的主要来源地。这一地区土地和光热资源丰富，但水资源缺乏，农业生产结构单一，广种薄收，产量长期低而不稳，群众生活困难，贫困人口量多面广。加快这一区域生态环境治理，不仅可以解决农村贫困问题，改善生存和发展环境，而且对治理黄河至关重要。生态环境建设的主攻方向是：以小流域为治理单元，以县为基本单位，以修建水平梯田和沟坝地等基本农田为突破口，综合运用工程措施、生物措施和耕作措施治理水土流失，尽可能做到泥不出沟。陡坡地退耕还草还林，实行草、灌木、乔木结合，恢复和增加植被。在对黄河危害最大的砒砂岩地区大力营造沙棘水土保持林，减少粗沙流失危害。大力发展雨水集流节水灌溉，推广普及旱作农业技术，提高农产品产量，稳定解决温饱问题。积极发展林果业、畜牧业和农副产品加工业，帮助农民脱贫致富。

（二）长江上中游地区

本区域包括川、黔、滇、渝、鄂、湘、赣、青、甘、陕、豫的大部或部分地区，总面积 170 万 km^2，水土流失面积 55 万 km^2。该区域山多山高平坝少，生态环境复杂多样，水资源充沛，但保水保土能力差，土地分布零星，人均耕地较少，且旱地坡耕地多。长期以来，上游地区由于受不合理的耕作、草地过度放牧和森林大量采伐等影响，水土流失日益严重，土层日趋瘠薄；滇、黔等石质山区降雨量和降雨强度大，滑坡、泥石流灾害频繁，不少地区因土地“石化”而贫困，甚至丧失基本生存条件。中游地区因毁林毁草开垦种地，水土流失严重，造成江河湖库泥沙淤积，加上不合理的围湖造田，加剧洪涝灾害的发生。生态环境建设的主攻方向是：以改造坡耕地为中心，开展小流域和山系综合治理，恢复和大林草植被，控制水土流失。保护天然林资源，支持重点林区调整结构，停止天然林砍伐，从业工人转向营林管护。营造水土保持林、水源涵养林和人工草地。有计划有步骤地使 25°以上的陡坡耕地退耕还林（果）还草，25°以下的坡地改修梯田。合理开发利用水土资源、草地资源、农村能源和其他自然资源，禁止滥垦乱伐，过度利用，坚决控制人为的水土流失。

（三）“三北”风沙综合防治区

本区域包括东北西部、华北北部、西北大部干旱地区。这一地区风沙面积大，多为沙漠和戈壁，适宜治理的荒漠化面积为 31 万 km^2。由于自然条件恶劣，干旱多风，植被稀少，草地“三化”严重，生态环境十分脆弱；农村燃料、饲料、肥料、木料缺乏，严重影响当地人民的生产和生活。生态环境建设的主攻方向是：在沙漠边缘地区，采取综合措施，大力增加沙区林草植被，控制荒漠化扩大趋势。以“三北”风沙线为主干，以大中城市、厂矿、工程项目周围为重点，因地制宜兴修各种水利设施，推广旱作节水技术，禁止毁林毁草开荒，采取植物固沙、沙障固沙、引水拉沙造田、建立农田保护网、改良风沙农田、改造沙漠滩地、人工垫土、绿肥改土、普及节能技术和开发可再生能源等各种有效措施，减轻风沙危害。因地制宜，积极发展沙产业。

（四）南方丘陵红壤区

本区域包括闽、赣、桂、粤、琼、湘、鄂、皖、苏、浙、沪的全部或部分地区，总面积约

120 万 km^2，水土流失面积约 34 万 km^2。土壤类型中红壤占一半以上，广泛分布在海拔 500m 以下的丘陵岗地，以湘赣红壤盆地最为典型。由于森林过度砍伐，毁林毁草开垦，植被遭到破坏，水土流失加剧，泥沙下泄淤积江河湖库，影响农业生产和经济发展。区域内的沿海地区处于海陆交替、气候突变地带，极易遭受台风、海啸、洪涝等自然灾害的危害。生态环境建设的主攻方向是：生物措施和工程措施并举，加大封山育林和退耕还林力度，大力改造坡耕地，恢复林草植被，提高植被覆盖率。山丘顶部通过封育治理或人工种植，发展水源涵养林、用材林和经济林，减少地表径流，防止土壤侵蚀。坡耕地实现梯田化，配置坡面截水沟、蓄水沟等小型排蓄工程。发展经济果林和人工草地。解决农村能源问题。沿海地区大力造林绿化，建设农田林网，减轻台风等自然灾害造成的损失。

（五）北方石山区

本区域包括京、津、冀、鲁、豫、晋的部分地区及苏、皖的淮北地区，总面积约 44 万 km^2，水土流失面积约 21 万 km^2。部分地区山高坡陡，土层浅薄，水源涵养能力低，暴雨后经常出现突发性山洪，冲毁村庄道路，埋压农田，淤塞河道；黄泛区风沙土较多，极易受风蚀、水蚀危害；东部滨海地带土壤盐碱化、沙化明显。生态环境建设的主攻方向是：加快石质山地造林绿化步伐，积极开展缓坡整修梯田，建设基本农田，发展旱作节水农业，提高单位面积产量。多林种配置开发荒山荒坡，合理利用沟滩造田。陡坡地退耕造林种草，支毛沟修建拦沙坝等，积极发展经济林果和多种经营。

（六）东北黑土漫岗区

本区域包括黑、吉、辽大部及内蒙古东部地区，总面积近 100 万 km^2，水土流失面积约 42 万 km^2。这一地区是我国重要的商品粮和木材生产基地。区内天然林与湿地资源分布集中，土地以黑土、黑钙土、暗草甸土为主，是世界三大黑土带之一。由于地面坡度缓而长，表土疏松，极易造成水土流失，损坏耕地，降低地力；加之本区森林资源严重过伐，湿地遭到破坏，干旱、洪涝灾害频繁发生，对农业的稳产高产造成危害，甚至对一些重工业基地和城市安全构成威胁。生态环境建设的主攻方向是：停止天然林砍伐。保护天然草地和湿地资源。完善三江平原和松辽平原农田林网。综合治理水土流失，减少缓坡面和耕地冲刷。改进耕作技术，提高农产品单位面积产量。

（七）青藏高原冻融区

本区域面积约 176 万 km^2，其中水力、风力侵蚀面积 22 万 km^2，冻融侵蚀面积 104 万 km^2。该区域绝大部分是海拔 3 000m 以上的高寒地带，土壤侵蚀以冻融侵蚀为主。人口稀少，牧场广阔，东部及东南部有大片林区，自然生态系统保存较为完整，但天然植被一旦破坏将难以恢复。生态环境建设的主攻方向是：以保护现有的自然生态系统为主，加强天然草场、长江黄河源头水源涵养林和原始森林的保护，防止不合理开发。

（八）草原区

我国草原分布广阔，总面积约 $4\times10^{12}m^2$（4 亿公顷），占国土面积 40%以上，主要分布在蒙、新、青、川、甘、藏等地区，是我国生态环境的重要屏障。长期以来，受人口增长、气候干旱和鼠虫灾害的影响，特别是超载过牧和滥垦乱挖，使江河水系源头和上中游地区的草地“三化”加剧，有些地方已无草可用、无牧可放。生态环境建设的主攻方向是：保护好现有林草植被，大力开展人工种草和改良草场（种），配套建设水利设施和草地防护林网，加强草原鼠虫灾防治，提高草场的载畜能力。禁止草原开荒种地。实行围栏、封育和轮牧，建设“草库仑”，搞好草畜产品加工配套。

四、规划优先实施的重点地区和重点工程

生态环境建设是一项长期的战略任务，需要把持久的奋斗和阶段性攻坚结合起来，把全面推进和重点突破结合起来。继续抓好目前正在实施的“三北”防护林体系等各类生态环境建设工程，广泛发动群众持久地开展植树种草，治理水土流失，防治荒漠化，建设生态农业。今后5年和到2010年，国家把目前生态环境最为脆弱，对改善全国生态环境最具影响，对实现近期奋斗目标最为重要的黄河长江上中游地区、风沙区和草原区作为全国生态环境建设的重点地区，集中力量予以支持，力争在短时期内有所突破。

（一）黄河上中游地区

以坡耕地改造和沟道治理为基础，坚持草灌（木）先行，扩大林草植被，遏制水土流失面积扩大，减少输人黄河的泥沙量。以黄土高原地区为重点，优先建设天然林保护工程、水土流失综合治理工程、重点水土流失区林业与草地治理工程、节水灌溉工程、以旱作农业为主的生态农业建设工程等。主要建设任务是：到2003年，累计治理水土流失面积7万km^2，完成造林面积$3.5\times10^{10}m^2$（350万公顷），改造坡耕地$3\times10^9m^2$（30万公顷），建设一批节水灌溉、旱作农业、生态农业、农村能源和农业资源可持续利用工程。到2010年，累计治理水土流失面积15万km^2，完成造林面积$9.7\times10^{10}m^2$（970万公顷）。

（二）长江上中游地区

把对减少泥沙流失，保障长江安全至关重要的嘉陵江流域、云南金沙江流域、洞庭湖区、邵阳湖区和三峡库区等重点地区的生态环境建设好，努力在以坡改梯为主的基本农田建设、以小型水利设施为主的水利建设以及自然资源保护方面取得显著成效。优先建设一批林果和水土流失综合治理工程，实施天然林资源保护工程，加快天然林区森工企业转产，停止天然林砍伐，大力开展营林造林，建设生态农业工程，推广水土保持耕作技术。主要建设任务是：到2003年，累计治理水土流失面积8万km^2，完成造林面积（$3\times10^{10}m^2$万公顷），改造坡耕地$7\times10^9m^2$（70万公顷），建设一批旱作农业、生态农业、农村能源、农业资源可持续利用工程以及沃土示范工程。到2010年，累计治理水土流失面积16万km^2，完成造林面积$1.5\times10^{11}m^2$（1 500万公顷）。

（三）风沙区

把重点放在土地荒漠化最为严重的半干旱农牧交错地带，遏制荒漠化扩大的势头。生态环境建设要与提高农牧业生产水平结合起来，以增加沙区林草植被为主，生物措施、工程措施和农艺措施综合配套，优先建设“三北”防护林工程、防治荒漠化工程、水土流失综合治理工程、生态农业建设工程等。主要建设任务是：到2003年，综合治理风沙面积4万km^2，治沙造田$4.5\times10^9m^2$（45万公顷），建设农田防护林$7.5\times10^9m^2$（75万公顷），建设一批旱作农业、生态农业、农村能源工程。到2010年，综合治理风沙面积9万km^2，建设农田防护林$1.6\times10^{10}m^2$（160万公顷）。

（四）草原区

采取人工种草、飞播种草、围栏封育等工程措施与生物措施相结合的办法，变草地粗放经营为集约经营，提高牧业生产水平，实现草场永续利用，草地畜牧业可持续发展。优先建设内蒙古呼伦贝尔、锡林郭勒、鄂尔多斯、青海环湖、青南、甘肃甘南、四川甘孜、阿坝、新疆天山等重点地区的“三化”草地治理工程、草地鼠虫害防治工程等。主要建设任务是：到2003年，人工种草和改良草场面积累计$1.0\times10^{11}m^2$（1 000万公顷），建设高标准围栏草场$3\times10^9m^2$（30万公顷），治虫灭鼠$2.5\times10^{11}m^2$（2 500万公顷）。到2010年，人工种草和改良草场面积累计$2.67\times10^{11}m^2$（2 670公顷），建设高标准围栏草场$5\times10^{10}m^2$（500万公顷）。

通过重点工程的建设，把这些关系全局发展的重点地区的基本农田、优质草地、水源涵养林和防风固沙林建设起来，形成带网片结合、纵横交错、相互联结、结构合理的林草植被体系和水土流失防治体系，使这些区域的生态环境有较大改观，为全国生态环境的改善奠定基础。此外，国家还要按照区域布局，有计划、有步骤地选建一批生态环境建设综合示范区，建立和完善预防监测保护体系。

五、生态环境建设的政策措施

（一）加强领导，认真做好规划的组织实施工作

各级政府要有高度的历史责任感，把生态环境建设作为一件大事，列入议事日程，切实加强领导，采取有效措施，保证规划目标的实现。各地要在全国生态环境建设规划的指导下，因地制宜地制定本地区的生态环境建设规划，作为当地经济和社会发展规划的重要组成部分，一任接着一任干，一代接着一代干，一张蓝图干到底；把生态环境建设与当地农村经济发展结合起来；建立生态环境建设目标责任制，把生态环境建设情况列入领导干部政绩考核的内容，定期检查，向社会公布。

生态环境建设是一项跨地区、跨部门、跨行业、跨世纪的综合性系统工程，由国家计委会同有关部门建立全国生态环境建设部际联席会议制度，加强领导，协调行动。各地区、各部门要按照总体规划和要求，各司其职，精心组织好规划工程的实施。计划部门要统筹规划，综合平衡，做好组织协调工作。农业、林业、水利等行业主管部门要按照各自职能分工，明确责任，加强行业指导和工程管理。财政、金融、科技、国土资源等有关部门都要积极支持生态环境建设。对在生态环境建设方面作出突出贡献的单位和个人，国家给予表彰，以激励全社会各方面力量自觉投身到生态环境保护和建设中去。

（二）加强法制建设，依法保护和治理生态环境

要广泛深入地宣传《中华人民共和国环境保护法》、《中华人民共和国土地管理法》、《中华人民共和国森林法》、《中华人民共和国水法》、《中华人民共和国水土保持法》、《中华人民共和国草原法》、《中华人民共和国野生动物保护法》等法律，加快制定生态环境相关法律法规，不断提高全民的法制观念，形成全社会自觉保护环境、美化环境的强大舆论。逐步建立健全以若干法律为基础、各种行政法规相配合的法律法规体系。严格执法，强化法律监督，依法打击各种违法犯罪行为。各级政府和有关部门在研究制定经济发展规划时，要统筹考虑生态环境建设；在经济开发和项目建设时，严格执行生态环境有关法律法规，在项目设计中充分考虑对周围生态环境的影响，并提出相应评估报告，安排相应的建设内容；工程验收时，要同时检查生态环境措施的落实情况。严格控制在生态环境脆弱的地区开垦土地，不允许以任何借口毁坏林地、草地，污染水资源，浪费土地，违法者要追究责任。对生态环境敏感区域要分级设立重点预防监督区。对不适宜生产和生活的地区，要作出规划，创造条件，实行异地开发和安置，减轻对环境的压力。

（三）把科技进步放在突出位置，大力推广先进适用的科技成果

宣传和普及植树种草、水土保持、防治荒漠化、草原建设、节水农业、旱作农业、生态农业等方面的科技知识。要重视生态环境建设人才的培养。围绕生态环境建设的关键问题组织科研攻关，力争有新的突破。鼓励各类科技研究和开发机构从事生态环境保护和建设工程，对研究开发成果予以保护，并依法有偿转让。现有的各类科研机构要根据全国生态环境建设区域布局，完善生态环境监测、科技推广、信息服务体系和技术交流网络，为各地区制定规划、设计工程等提供服务。按照试验、示范、推广的路子，办好各类试验示范区。各地区、各部门要认真总

结经验，推广规范化的技术规程。大力培育和推广适应不同区域特点的优良品种，推广先进适用技术，如小流域综合治理技术，径流林业技术，生根粉技术，节水灌溉技术等。加强国际交流与合作，引进和推广国外先进的技术。

（四）继续深化“四荒”承包改革，稳定和完善有关鼓励政策

荒山、荒沟、荒丘、荒滩的治理和合理开发是生态环境建设的重要内容。由于“四荒”治理开发投资回收期长，风险大，必须有长期稳定的政策。各地区要对“四荒”的治理开发进行合理规划，把治理“四荒”与经济开发结合起来，保障投资治理开发者的合法利益。允许打破行政界限，允许不同经济成分主体购买“四荒”使用权；允许购买使用权的经济主体按照股份制、股份合作制等新的形式经营“四荒”土地；允许“四荒”使用权一定 50 年或更长的时间不变。治理开发成果允许继承转让；国家征用时，要对治理成果给予补偿。对买而不治或买后乱垦者，要收回承包权，并按照合同进行处理。对“四荒”承包治理项目要在贷款和税收等方面尽可能提供优惠条件。各地区要结合实际，规范“四荒”承包、租赁、拍卖等合同。

（五）抓好重点工程的建设和管理

生态环境建设工程严格执行国家基本建设程序，按规划立项，按项目进行动态管理，按设计组织施工，按工程进度安排建设资金，按效益考核。生态环境建设重点区域的各级政府要组织力量对国家确定的重点建设工程进行科学规划和设计，广泛吸收各方面意见，做好经济、技术论证。引入竞争机制，允许不同经济主体参与工程建设的投标。建立和完善质量管理和技术监督体系，严格按国家颁布的标准组织设计和施工，逐步引入工程监理制度，定期对工程建设情况进行检查、考核和评估，确保工程质量。加强已建工程的维护和管理，使之发挥长期效益。国家将对生态环境建设项目制定专门管理办法。

（六）建立健全稳定的投入保障机制

坚持国家、地方、集体、个人一起上，多渠道、多层次、多方位筹集建设资金。国家生态环境建设重点工程项目纳入国家基本建设计划，地方按比例安排配套资金。地方性的建设项目，由地方负责投入。小型建设项目主要依靠广大群众劳务投入和国家以工代赈，并广泛吸引社会各方面的投资。

各级政府和有关部门要按照事权、财权划分，对生态环境建设的投入作出长期安排。中央和地方财政要将生态环境建设资金列入预算，宁可其他方面紧一些，也要把生态环境建设资金安排好。国家预算内基本建设投资、财政支农资金、农业综合开发资金等的使用，都要把生态环境建设作为一项重要内容，统筹安排，并逐年增长。银行要增加用于生态环境建设的贷款，并适当延长贷款偿还年限。积极争取利用国外资金，国外的长期低息贷款和赠款要优先考虑安排生态环境建设项目。

加强已建立的林业基金、牧区育草基金的使用管理，切实用于水土保持、植树种草等生态环境建设，积极开辟新的投资渠道。按照“谁受益、谁补偿，谁破坏、谁恢复”的原则，建立生态效益补偿制度。按照“谁投资，谁经营，谁受益”的原则，鼓励社会上的各类投资主体向生态环境建设投资。对国内外资助生态环境建设有突出贡献者，国家给予表彰和奖励。

广大群众是生态环境建设的主力军。要广泛发动群众，大力开展义务植树种草活动，继续完善劳动积累工制度，利用农村剩余劳动力和农闲时间组织群众开展生态环境建设。坚持“谁造谁有，合造共有”政策，充分调动广大群众保护和建设生态环境的积极性。

§7.4 中华人民共和国水土保持法

(1991 年 6 月 29 日第七届全国人民代表大会常务委员会第二十次会议通过，自 1991 年 6 月 29 日起施行)

第一章 总 则

第一条 为预防和治理水土流失，保护和合理利用水土资源，减轻水、旱、风沙灾害，改善生态环境，发展生产，制定本法。

第二条 本法所称水土保持，是指对自然因素和人为活动造成水土流失所采取的预防和治理措施。

第三条 一切单位和个人都有保护水土资源、防治水土流失的义务，并有权对破坏水土资源、造成水土流失的单位和个人进行检举。

第四条 国家对水土保持工作实行预防为主，全面规划，综合防治，因地制宜，加强管理，注重效益的方针。

第五条 国务院和地方人民政府应当将水土保持工作列为重要职责，采取措施做好水土流失防治工作。

第六条 国务院水行政主管部门主管全国的水土保持工作。县级以上地方人民政府水行政主管部门，主管本辖区的水土保持工作。

第七条 国务院和县级以上地方人民政府的水行政主管部门，应当在调查评价水土资源的基础上，会同有关部门编制水土保持规划。水土保持规划须经同级人民政府批准。县级以上地方人民政府批准的水土保持规划，须报上一级人民政府水行政主管部门备案。水土保持规划的修改，须经原批准机关批准。

县级以上人民政府应当将水土保持规划确定的任务，纳入国民经济和社会发展计划，安排专项资金，并组织实施。

县级以上人民政府应当依据水土流失的具体情况，划定水土流失重点防治区，进行重点防治。

第八条 从事可能引起水土流失的生产建设活动的单位和个人，必须采取措施保护水土资源，并负责治理因生产建设活动造成的水土流失。

第九条 各级人民政府应当加强水土保持的宣传教育工作，普及水土保持科学知识。

第十条 国家鼓励开展水土保持科学技术研究，提高水土保持科学技术水平，推广水土保持的先进技术，有计划地培养水土保持的科学技术人才。

第十一条 在防治水土流失工作中成绩显著的单位和个人，由人民政府给予奖励。

第二章 预 防

第十二条 各级人民政府应当组织全民植树造林，鼓励种草，扩大森林覆盖面积，增加植被。

第十三条 各级地方人民政府应当根据当地情况，组织农业集体经济组织和国营农、林、牧场，种植薪炭林和饲草、绿肥植物，有计划地进行封山育林育草、轮封轮牧、防固沙，保护植被。禁止毁林开荒、烧山开荒和在陡坡地、干旱地区铲草皮、挖树兜。

第十四条　禁止在25°以上陡坡地开垦种植农作物。

省、自治区、直辖市人民政府可以根据本辖区的实际情况，规定小于25°的禁止开垦坡度。

禁止开垦的陡坡地的具体范围由当地县级人民政府划定并公告。

本法施行前已在禁止开垦的陡坡地上开垦种植农作物的，应当在建设基本农田的基础上，根据实际情况，逐步退耕，植树种草，恢复植被，或者修建梯田。

第十五条　开垦禁止开垦坡度以下、5°以上的荒坡地，必须经县级人民政府水行政主管部门批准；开垦国有荒坡地，经县级人民政府水行政主管部门批准后，方可向县级以上人民政府申请办理土地开垦手续。

第十六条　采伐林木必须因地制宜地采用合理采伐方式，严格控制采伐，对采伐区和集材道采取防止水土流失的措施，并在采伐后及时完成更新造林任务。对水源涵养林、水土保持林、防风固沙林等防护林只准进行抚育和更新性质的采伐。

在林区采伐林木的，采伐方案中必须有按照前款规定制定的采伐区水土保持措施。采伐方案经林业行政主管部门批准后，采伐区水土保持措施由水行政主管部门和林业行政主管部门监督实施。

第十七条　在5°以上坡地上整地造林、抚育幼林，垦复油茶、油桐等经济林木，必须采取水土保持措施，防止水土流失。

第十八条　修建铁路、公路和水工程，应当尽量减少破坏植被；废弃的砂、石、土必须运至规定的专门存放地堆放，不得向江河、湖泊、水库和专门存放地以外的沟渠倾倒；在铁路、公路两侧地界以内的山坡地，必须修建护坡或者采取其他土地整治措施；工程竣工后，取土场、开挖面和废弃的砂、石、土存放地的裸露土地，必须植树种草，防止水土流失。

开办矿山企业、电力企业和其他大中型工业企业，排弃的剥离表土、矸石、尾矿、废渣等必须堆放在规定的专门存放地，不得向江河、湖泊、水库和专门存放地以外的沟渠倾倒；因采矿和建设使植被受到破坏的，必须采取措施恢复表土层和植被，防止水土流失。

第十九条　在山区、丘陵区、风沙区修建铁路、公路、水工程，开办矿山企业、电力企业和其他大中型工业企业，在建设项目环境影响报告书中，必须有水行政主管部门同意的水土保持方案。水土保持方案应当按照本法第十八条的规定制定。

在山区、丘陵区、风沙区依照矿产资源法的规定开办乡镇集体矿山企业和个体申请采矿，必须持有县级以上地方人民政府水行政主管部门同意的水土保持方案，方可申请办理采矿批准手续。

建设项目中的水土保持设施，必须与主体工程同时设计、同时施工、同时投产使用。建设工程竣工验收时，应当同时验收水土保持设施，并有水行政主管部门参加。

第二十条　各级地方人民政府应当采取措施，加强对采矿、取土、挖砂、采石等生产活动的管理，防止水土流失。

在崩塌滑坡危险区和泥石流易发区禁止取土、挖砂、采石。崩塌滑坡危险区和泥石流易发区的范围，由县级以上地方人民政府划定并公告。

第三章　治　理

第二十一条　县级以上人民政府应当根据水土保持规划，组织有关行政主管部门和单位有计划地对水土流失进行治理。

第二十二条　在水力侵蚀地区，应当以天然沟壑及其两侧山坡地形成的小流域为单元，实行全面规划，综合治理，建立水土流失综合防治体系。

在风力侵蚀地区，应当采取开发水源、引水拉沙、植树种草、设置人工沙障和网格林带等措施，建立防风固沙防护体系，控制风沙危害。

第二十三条　国家鼓励水土流失地区的农业集体经济组织和农民对水土流失进行治理，并在资金、能源、粮食、税收等方面实行扶持政策，具体办法由国务院规定。

第二十四条　各级地方人民政府应当组织农业集体经济组织和农民，有计划地对禁止开垦坡度以下、5°以上的耕地进行治理，根据不同情况，采取整治排水系统、修建梯田、蓄水保土耕作等水土保持措施。

第二十五条　水土流失地区的集体所有的土地承包给个人使用的，应当将治理水土流失的责任列入承包合同。

第二十六条　荒山、荒沟、荒丘、荒滩可以由农业集体经济组织、农民个人或者联户承包水土流失的治理。

对荒山、荒沟、荒丘、荒滩水土流失的治理实行承包的，应当按照谁承包治理谁受益的原则，签订水土保持承包治理合同。

承包治理所种植的林木及其果实，归承包者所有，因承包治理而新增加的土地，由承包者使用。

国家保护承包治理合同当事人的合法权益。在承包治理合同有效期内，承包人死亡时，继承人可以依照承包治理合同的约定继续承包。

第二十七条　企业事业单位在建设和生产过程中必须采取水土保持措施，对造成的水土流失负责治理。本单位无力治理的，由水行政主管部门治理，治理费用由造成水土流失的企业事业单位负担。

建设过程中发生的水土流失防治费用，从基本建设投资中列支；生产过程中发生的水土流失防治费用，从生产费用中列支。

第二十八条　在水土流失地区建设的水土保持设施和种植的林草，由县级以上人民政府组织有关部门检查验收。

对水土保持设施、试验场地、种植的林草和其他治理成果，应当加强管理和保护。

第四章　监　督

第二十九条　国务院水行政主管部门建立水土保持监测网络，对全国水土流失动态进行监测预报，并予以公告。

第三十条　县级以上地方人民政府水行政主管部门的水土保持监督人员，有权对本辖区的水土流失及其防治情况进行现场检查。被检查单位和个人必须如实报告情况，提供必要的工作条件。

第三十一条　地区之间发生的水土流失防治的纠纷，应当协商解决；协商不成的，由上一级人民政府处理。

第五章　法律责任

第三十二条　违反本法第十四条规定，在禁止开垦的陡坡地开垦种植农作物的，由县级人民政府水行政主管部门责令停止开垦、采取补救措施，可以处以罚款。

第三十三条　企业事业单位、农业集体经济组织未经县级人民政府水行政主管部门批准，擅自开垦禁止开垦坡度以下、5°以上的荒坡地的，由县级人民政府水行政主管部门责令停止开垦、采取补救措施，可以处以罚款。

第三十四条　在县级以上地方人民政府划定的崩塌滑坡危险区、泥石流易发区范围内取土、挖砂或者采石的，由县级以上地方人民政府水行政主管部门责令停止上述违法行为、采取补救措施，处以罚款。

第三十五条　在林区采伐林木，不采取水土保持措施，造成严重水土流失的，由水行政主管部门报请县级以上人民政府决定责令限期改正、采取补救措施，处以罚款。

第三十六条　企业事业单位在建设和生产过程中造成水土流失，不进行治理的，可以根据所造成的危害后果处以罚款，或者责令停业治理；对有关责任人员由其所在单位或者上级主管机关给予行政处分。

罚款由县级人民政府水行政主管部门报请县级人民政府决定。责令停业治理由市、县人民政府决定；中央或者省级人民政府直接管辖的企业事业单位的停业治理，须报请国务院或者省级人民政府批准。

个体采矿造成水土流失，不进行治理的，按照前两款的规定处罚。

第三十七条　以暴力、威胁方法阻碍水土保持监督人员依法执行职务的，依法追究刑事责任；拒绝、阻碍水土保持监督人员执行职务并使用暴力、威胁方法的，由公安机关依照治安管理处罚条例的规定处罚。

第三十八条　当事人对行政处罚决定不服的，可以在接到处罚通知之日起十五日内向作出处罚决定的机关的上一级机关申请复议；当事人也可以在接到处罚通知之日起十五日内直接向人民法院起诉。

复议机关应当在接到复议申请之日起六十日内作出复议决定。当事人对复议决定不服的，可以在接到复议决定之日起十五日内向人民法院起诉。复议机关逾期不作出复议决定的，当事人可以在复议期满之日起十五日内向人民法院起诉。

当事人逾期不申请复议也不向人民法院起诉、又不履行处罚决定的，作出处罚决定的机关可以申请人民法院强制执行。

第三十九条　造成水土流失危害的，有责任排除危害，并对直接受到损害的单位和个人赔偿损失。

赔偿责任和赔偿金额的纠纷，可以根据当事人的请求，由水行政主管部门处理，当事人对处理决定不服的，可以向人民法院起诉。当事人也可以直接向人民法院起诉。

由于不可抗拒的自然灾害，并经及时采取合理措施，仍然不能避免造成水土流失危害的，免予承担责任。

第四十条　水土保持监督人员玩忽职守、滥用职权给公共财产、国家和人民利益造成损失的，由其所在单位或者上级主管机关给予行政处分；构成犯罪的，依法追究刑事责任。

第六章　附　则

第四十一条　国务院根据本法制定实施条例。

省、自治区、直辖市人民代表大会常务委员会，可以根据本法和本地区的实际情况制定实施办法。

第四十二条　本法自公布之日起施行。1982 年 6 月 30 日国务院发布的《水土保持工作条例》同时废止。

§7.5　中华人民共和国水土保持法实施条例

第一章　总　则

第一条　根据《中华人民共和国水土保持法》(以下简称《水土保持法》)的规定，制定本条例。

第二条　一切单位和个人都有权对有下列破坏水土资源、造成水土流失的行为之一的单位和个人，向县级以上人民政府水行政主管部门或者其他有关部门进行检举：

(一) 违法毁林或者毁草场开荒，破坏植被的；

(二) 违法开垦荒坡地的；

(三) 向江河、湖泊、水库和专门存放地以外的沟渠倾倒废弃砂、石、土或者尾矿废渣的；

(四) 破坏水土保持设施的；

(五) 有破坏水土资源、造成水土流失的其他行为的。

第三条　水土流失防治区的地方人民政府应当实行水土流失防治目标责任制。

第四条　地方人民政府根据当地实际情况设立的水土保持机构，可以行使《水土保持法》和本条例规定的水行政主管部门对水土保持工作的职权。

第五条　县级以上人民政府应当将批准的水土保持规划确定的任务，纳入国民经济和社会发展计划，安排专项资金，组织实施，并可以按照有关规定，安排水土流失地区的部分扶持资金、以工代赈资金和农业发展基金等基金，用于水土保持。

第六条　水土流失重点防治区按国家、省、县三级划分，具体范围由县级以上人民政府水行政主管部门提出，报同级人民政府批准并公告。

水土流失重点防治区可以分为重点预防保护区、重点监督区和重点治理区。

第七条　水土流失严重的省、自治区、直辖市，可以根据需要，设置水土保持中等专业学校或者在有关院校开设水土保持专业。中小学的有关课程，应当包含水土保持方面的内容。

第二章　预　防

第八条　山区、丘陵、风沙区的地方人民政府，对从事挖药材、养柞蚕、烧木炭、烧砖瓦等副业生产的单位和个人，必须根据水土保持的要求，加强管理，采取水土保持措施，防止水土流失和生态环境恶化。

第九条　在水土流失严重、草场少的地区，地方人民政府及其有关主管部门应当采取措施，推行舍饲，改变野外放牧习惯。

第十条　地方人民政府及其有关主管部门应当因地制宜，组织营造薪炭林，发展小水电、风力发电，发展沼气，利用太阳能，推广节能灶。

第十一条　《水土保持法》施行前已在禁止开垦的陡坡地上开种植农作物的，应当在平地或者缓坡地建设基本农田，提高单位面积产量，将已开垦的陡坡耕地逐步退耕，植树种草；退耕确有困难的，由县级人民政府限期修成梯田，或者采取其他水土保持措施。

第十二条　依法申请开垦荒坡地的，必须同时提出防止水土流失的措施，报县级人民政府水行政主管部门或者其所属的水土保持监督管理机构批准。

第十三条　在林区采伐林木的，采伐方案中必须有采伐区水土保持措施。林业行政主管部门批准采伐方案后，应当将采伐方案抄送水行政主管部门，共同监督实施采伐区水土保持措施。

第十四条　在山区、丘陵区、风沙区修建铁路、公路、水工程，开办矿山企业、电力企业和其他大中型工业企业，其环境影响报告书中的水土保持方案，必须先经水行政主管部门审查同意。

在山区、丘陵区、风沙区依法开办乡镇集体矿山企业和个体申请采矿，必须填写“水土保持方案报告表”，经县级以上地方人民政府水行政主管部门批准后，方可申请办理采矿批准手续。

建设工程中的水土保持设施竣工验收，应当有水行政主管部门参加并签署意见。水土保持设施经验收不合格的，建设工程不得投产使用。

水土保持方案的具体报批办法，由国务院水行政主管部门会同国务院有关主管部门制定。

第十五条　《水土保持法》施行前已建或者在建并造成水土流失的生产建设项目，生产建设单位必须向县级以上地方人民政府水行政主管部门提出水土流失防治措施。

第三章　治　理

第十六条　县级以上地方人民政府应当组织国有农场、林场、牧场和农业集体经济组织及农民，在禁止开垦坡度以下的坡耕地，按照水土保持规划，修筑水平梯田和蓄水保土工程，整治排水系统，治理水土流失。

第十七条　水土流失地区的集体所有的土地承包给个人使用的，应当将治理水土流失的责任列入承包合同。当地乡、民族乡、镇的人民政府和农业集体经济组织应当监督承包合同的履行。

第十八条　荒山、荒沟、荒丘、荒滩的水土流失，可以由农民个人、联户专业队承包治理，也可以由企业事业单位或者个人投资投劳入股治理。

第十九条　企业事业单位在建设和生产过程中造成水土流失的，应当负责治理。因技术等原因无力自行治理的，可以交纳防治费，由水行政主管部门组织治理。防治费的收取标准和使用管理办法由省级以上人民政府财政部门、主管物价的部门会同水行政主管部门制定。

第二十条　对水行政主管部门投资营造的水土保持林、水源涵养林和防风固沙林进行抚育和更新性质的采伐时，所提取的育林基金应当用于营造水土保持林、水源涵养林和防风固沙林。

第二十一条　建成的水土保持设施和种植的林草，应当按照国家技术标准进行检查验收；验收合格的，应当建立档案，设立标志，落实管护责任制。

第四章　监　督

第二十二条　《水土保持法》第二十九条所称水土保持监测网络，是指全国水土保持监测中心，大江大河流域水土保持中心站，省、自治区、直辖市水土保持监测站以及省、自治区、直辖市重点防治区水土保持监测分站。

水土保持监测网络的具体管理办法，由国务院水行政主管部门制定。

第二十三条　国务院水行政主管部门和省、自治区、直辖市人民政府水行政主管部门应当定期分别公告水土保持监测情况。公告应当包括下列事项：

（一）水土流失的面积、分布状况和流失程度；

（二）水土流失造成的危害及其发展趋势；

（二）水土流失防治情况及其效益。

第二十四条　有水土流失防治任务的企业事业单位，应当定期向县级以上地方人民政府水行政主管部门通报本单位水土流失防治工作的情况。

第二十五条　县级以上地方人民政府水行政主管部门及其所属的水土保持监督管理机构，应当对《水土保持法》和本条例的执行情况实施监督检查。水土保持监督人员依法执行公务时，应当持有县级以上人民政府颁发的水土保持监督检查证件。

第五章　法律责任

第二十六条　依照《水土保持法》第三十二条的规定处以罚款的，罚款幅度为非法开垦的陡坡地每平方米一元至二元。

第二十七条　依照《水土保持法》第三十三条的规定处以罚款的，罚款幅度为擅自开垦的荒坡地每平方米零点五元至一元。

第二十八条　依照《水土保持法》第三十四条的规定处以罚款的，罚款幅度为五百元以上、五千元以下。

第二十九条　依照《水土保持法》第三十五条的规定处以罚款的，罚款幅度为造成的水土流失面积每平方米二元至五元。

第三十条　依照《水土保持法》第三十六条的规定处以罚款的，罚款幅度为一千元以上、一万元以下。

第三十一条　破坏水土保持设施，尚不够刑事处罚的，由公安机关依照《中华人民共和国治安管理处罚条例》的有关规定予以处罚。

第三十二条　依照《水土保持法》第三十九条第二款的规定，请求水行政主管部门处理赔偿责任和赔偿金额纠纷的，应当提出申请报告。申请报告应当包括下列事项：

（一）当事人的基本情况；

（二）受到水土流失危害的时间、地点、范围；

（三）损失清单；

（四）证据。

第三十三条　由于发生不可抗拒的自然灾害而造成水土流失时，有关单位和个人应当向水行政主管部门报告不可抗拒的自然灾害的种类、程度、时间和已采取的措施等情况，经水行政主管部门查实并作出"不能避免造成水土流失危害"认定的，免于承担责任。

·第六章　附　则

第三十四条　本条例由国务院水行政主管部门负责解释。

第三十五条　本条例自发布之日起实施。

§7.6 地震安全性评价管理条例

（中华人民共和国国务院令第 323 号　2001 年 11 月 26 日）

第一章　总　则

第一条　为了加强对地震安全性评价的管理，防御与减轻地震灾害，保护人民生命和财产安全，根据《中华人民共和国防震减灾法》的有关规定，制定本条例。

第二条　在中华人民共和国境内从事地震安全性评价活动，必须遵守本条例。

第三条　新建、扩建、改建建设工程，依照《中华人民共和国防震减灾法》和本条例的规定，需要进行地震安全性评价的，必须严格执行国家地震安全性评价的技术规范，确保地震安全性评价的质量。

第四条　国务院地震工作主管部门负责全国的地震安全性评价的监督管理工作。

县级以上地方人民政府负责管理地震工作的部门或者机构负责本行政区域内的地震安全性评价的监督管理工作。

第五条　国家鼓励、扶持有关地震安全性评价的科技研究，推广应用先进的科技成果，提高地震安全性评价的科技水平。

第二章　地震安全性评价单位的资质

第六条　国家对从事地震安全性评价的单位实行资质管理制度。从事地震安全性评价的单位必须取得地震安全性评价资质证书，方可进行地震安全性评价。

第七条　从事地震安全性评价的单位具备下列条件，方可向国务院地震工作主管部门或者省、自治区、直辖市人民政府负责管理地震工作的部门或者机构申请领取地震安全性评价资质证书：

（一）有与从事地震安全性评价相适应的地震学、地震地质学、工程地震学方面的专业技术人员；

（二）有从事地震安全性评价的技术条件。

第八条　国务院地震工作主管部门或者省、自治区、直辖市人民政府负责管理地震工作的部门或者机构，应当自收到地震安全性评价资质申请书之日起 30 日内作出审查决定。对符合条件的，颁发地震安全性评价资质证书；对不符合条件的，应当及时书面通知申请单位并说明理由。

第九条　地震安全性评价单位应当在其资质许可的范围内承揽地震安全性评价业务。

禁止地震安全性评价单位超越其资质许可的范围或者以其他地震安全性评价单位的名义承揽地震安全性评价业务。禁止地震安全性评价单位允许其他单位以本单位的名义承揽地震安全性评价业务。

第十条　地震安全性评价资质证书的式样，由国务院地震工作主管部门统一规定。

第三章　地震安全性评价的范围和要求

第十一条　下列建设工程必须进行地震安全性评价：

（一）国家重大建设工程；

（二）受地震破坏后可能引发水灾、火灾、爆炸、剧毒或者强腐蚀性物质大量泄露或者其他严重次生灾害的建设工程，包括水库大坝、堤防和贮油、贮气、贮存易燃易爆、剧毒或者强腐蚀性物质的设施以及其他可能发生严重次生灾害的建设工程；

（三）受地震破坏后可能引发放射性污染的核电站和核设施建设工程；

（四）省、自治区、直辖市认为对本行政区域有重大价值或者有重大影响的其他建设工程。

第十二条　建设单位应当将建设工程的地震安全性评价业务委托给具有相应资质的地震安全性评价单位。

第十三条　建设单位应当与地震安全性评价单位订立书面合同，明确双方的权利和义务。

第十四条　地震安全性评价单位对建设工程进行地震安全性评价后，应当编制该建设工程的地震安全性评价报告。地震安全性评价报告应当包括下列内容：

（一）工程概况和地震安全性评价的技术要求；

（二）地震活动环境评价；

（三）地震地质构造评价；

（四）设防烈度或者设计地震动参数；

（五）地震地质灾害评价；

（六）其他有关技术资料。

第十五条　建设单位应当将地震安全性评价报告报送国务院地震工作主管部门或者省、自治区、直辖市人民政府负责管理地震工作的部门或者机构审定。

第四章　地震安全性评价报告的审定

第十六条　国务院地震工作主管部门负责下列地震安全性评价报告的审定：

（一）国家重大建设工程；

（二）跨省、自治区、直辖市行政区域的建设工程；

（三）核电站和核设施建设工程。省、自治区、直辖市人民政府负责管理地震工作的部门或者机构负责除前款规定以外的建设工程地震安全性评价报告的审定。

第十七条　国务院地震工作主管部门和省、自治区、直辖市人民政府负责管理地震工作的部门或者机构，应当自收到地震安全性评价报告之日起 15 日内进行审定，确定建设工程的抗震设防要求。

第十八条　国务院地震工作主管部门或者省、自治区、直辖市人民政府负责管理地震工作的部门或者机构，在确定建设工程抗震设防要求后，应当以书面形式通知建设单位，并告知建设工程所在地的市、县人民政府负责管理地震工作的部门或者机构。省、自治区、直辖市人民政府负责管理地震工作的部、司或者机构应当将其确定的建设工程抗震设防要求报国务院地震工作主管部门备案。

第五章　监督管理

第十九条　县级以上人民政府负责项目审批的部门，应当将抗震设防要求纳入建设工程可行性研究报告的审查内容。对可行性研究报告中未包含抗震设防要求的项目,不予批准。

第二十条　国务院建设行政主管部门和国务院铁路、交通、民用航空、水利和其他有关专业主管部门制定的抗震设计规范,应当明确规定按照抗震设防要求进行抗震设计的方法和措施。

第二十一条　建设工程设计单位应当按照抗震设防要求和抗震设计规范,进行抗震设计。

第二十二条　国务院地震工作主管部门和县级以上地方人民政府负责管理地震工作的部门或者机构,应当会同有关专业主管部门,加强对地震安全性评价工作的监督检查。

第六章　罚　则

第二十三条　违反本条例的规定,未取得地震安全性评价资质证书的单位承揽地震安全性评价业务的,由国务院地震工作主管部门或者县级以上地方人民政府负责管理地震工作的部门或者机构依据职权,责令改正,没收违法所得,并处1万元以上5万元以下的罚款。

第二十四条　违反本条例的规定,地震安全性评价单位有下列行为之一的,由国务院地震工作主管部门或者县级以上地方人民政府负责管理地震工作的部门或者机构依据职权,责令改正,没收违法所得,并处1万元以上5万元以下的罚款;情节严重的,由颁发资质证书的部门或者机构吊销资质证书:

(一)超越其资质许可的范围承揽地震安全性评价业务的;

(二)以其他地震安全性评价单位的名义承揽地震安全性评价业务的;

(三)允许其他单位以本单位名义承揽地震安全性评价业务的。

第二十五条　违反本条例的规定,国务院地震工作主管部门或者省、自治区、直辖市人民政府负责管理地震工作的部门或者机构向不符合条件的单位颁发地震安全性评价资质证书和审定地震安全性评价报告,国务院地震工作主管部门或者县级以上地方人民政府负责管理地震工作的部门或者机构不履行监督管理职责,或者发现违法行为不予查处,致使公共财产、国家和人民利益遭受重大损失的,依法追究有关责任人的刑事责任;没有造成严重后果,尚不构成犯罪的,对部门或者机构负有责任的主管人员和其他直接责任人员给予降级或者撤职的行政处分。

第七章　附　则

第二十六条　本条例自2002年1月1日起施行。

§7.7　建设用地地质灾害危险性评估技术要求

(国土资源部,1999年11月)

前　言

根据国土资源部发布的《地质灾害防治管理办法》和《建设用地审查报批管理办法》制定本技术要求。

本技术要求规定建设用地地质灾害危险性评估的各项技术要求。

本技术要求从1999年12月1日起实施。

本技术要求由国土资源部地质环境司提出。

本技术要求由国土资源部归口。

本技术要求委托国土资源部地质环境司负责解释。

一、范　围

(1) 本技术要求规定了建设用地地质灾害危险性评估的原则、不同阶段地质灾害危险性评估的内容、要求、方法和程序。

(2) 本技术要求适用于城市建设、有可能导致地质灾害发生的工程项目建设和在地质灾害易发区内进行工程建设用地地质灾害危险性评估。

(3) 本技术要求规定的建设用地地质灾害危险性评估，不替代建设工程各阶段的工程地质勘察或有关的评价工作。

二、定　义

本技术要求采用下列定义：

(1) 地质灾害：是指由于自然产生或人为诱发的对人民生命和财产安全造成危害的地质现象。

(2) 地质灾害易发区：是指容易产生地质灾害的区域。

(3) 地质灾害危险区：是指明显可能发生地质灾害且将可能造成较多人员伤亡和严重经济损失的地区。

(4) 地质灾害危害程度：是指地质灾害造成的人员伤亡、经济损失与生态环境破坏的程度。

(5) 地质灾害危险评估：是指工程建设可能诱发、加剧地质灾害和工程建设本身可能遭受危害程度的估量。

三、总　则

(1) 建设用地地质灾害危险性评估的灾种主要包括：崩塌、滑坡、泥石流、地面塌陷、地裂缝及地面沉降等。

(2) 建设用地地质灾害危险性评估范围，不能局限于建设用地面积之内，应依据建设项目特点及地质环境条件确定。若危险性仅局限于用地面积内，则按用地范围进行评估；若危险性的来源或影响超出用地范围，则应依据地质灾害种类特征，适度扩展评估范围。

(3) 建设用地地质灾害危险性评估内容包括工程建设可能诱发、加剧地质灾害的可能性；工程建设本身可能遭受地质灾害危害的危险性；拟采用的防治措施。

(4) 建设用地地质灾害危险性评估分级进行，根据地质环境条件复杂程度与建设项目重要性划分为三级。见表 7－1。

表 7－1　建设用地地质灾害危险性评估分级表

评估分级 \ 复杂程度	复杂	中等	简单
重要建设项目	一级	一级	一级
较重要建设项目	一级	二级	三级
一般建设项目	二级	二级	三级

地质环境条件复杂程度分类见表 7-2。

表 7-2　地质环境条件复杂程度分类表

复　　杂	中　　等	简　　单
地质灾害发育强烈	地质灾害发育中等	地质灾害一般不发育
地形与地貌类型复杂	地形较简单，地貌类型单一	地形简单，地貌类型单一
地质构造复杂，岩性岩相变化大，岩土体工程地质性质不良	地质构造较复杂，岩性岩相不稳定，岩土体工程地质性质较差	地质构造简单，岩性单一，岩土体工程地质性质良好
工程水文地质条件不良	工程水文地质条件较差	工程水文地质条件良好
破坏地质环境的人类工程活动强烈	破坏地质环境的人类工程活动较强烈	破坏地质环境的人类工程活动一般

注：每类 5 项条件中，有一条符合较复杂条件者即划为复杂类型。

建设项目重要性分类见表 7-3。

表 7-3　建设项目重要性分类表

项目类型	项　　目　　类　　型
重要建设项目	开发区建设、城镇新区建设、放射性设施、军事设施、核电、二级（含）以上公路、铁路、机场、大型水利工程、电力工程、港口码头、矿山、集中供水水源地、工业建筑、民用建筑、垃圾处理场、水处理厂等
较重要建设项目	新建村庄、三级（含）以下公路、中型水利工程、电力工程、港口码头、矿山、集中供水水源地、工业建筑、民用建筑、垃圾处理场、水处理厂等
一般建设项目	小型水利工程、电力工程、港口码头、矿山、集中供水水源地、工业建筑、民用建筑、垃圾处理场、水处理厂等

（5）以线状及大区域的工程项目，必须将地质灾害的易发区段和危险区段及危害严重的地质灾害点作为评估的重点。

四、工作程序

工作程序见图 7-1。

五、技术要求

1. 一级评估

一级评估必须对评估区内分布的地质灾害是否危害建设项目安全、建设项目是否诱发地质灾害、因治理地质灾害增大的项目建设成本等进行全面的评估。

（1）滑坡的评价必须查明评估区内地质环境条件、滑坡的构成要素及变形的空间组合特征，确定其规模、类型、主要诱发因素、对工程的危害。在斜坡台地区的工程建设必须评价工程施工诱发滑坡的可能性及其危害，对变形迹象明显的，应提出进一步工作的建议。

（2）泥石流评价必须查明泥石流形成的地质条件、地形条件、水流条件、植被发育状况、人类工程活动的影响，确定泥石流的形式条件、规模、活动特征、侵蚀方式、破坏方式、预测泥石流的发展趋势及拟采取的防治措施。

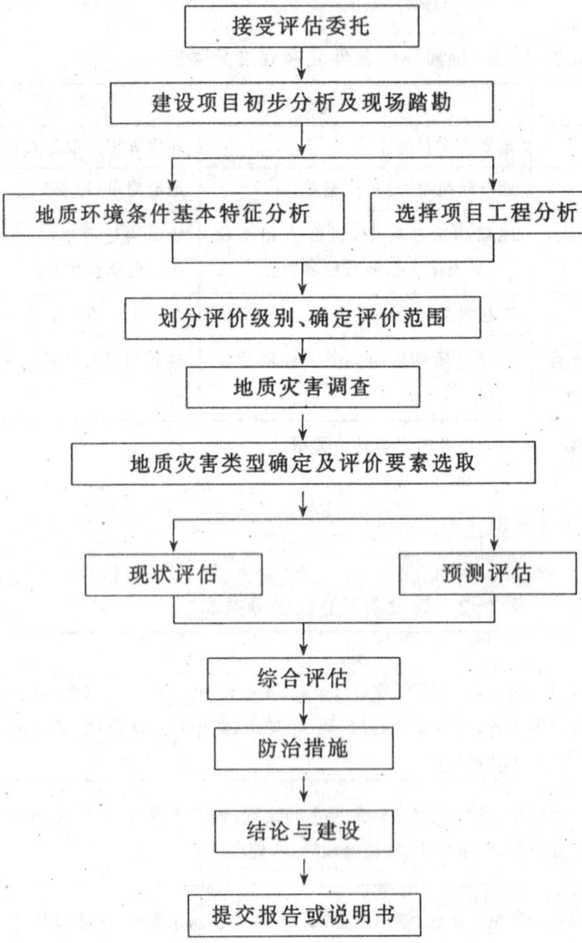

图7－1　工作程序图

(3) 崩塌的评价应查明斜坡的岩性组合、坡体结构、高陡临空面发育状况、降雨情况、地震、植被发育情况及人类工程活动。确定崩塌的类型、规模、运动机制、危害等；预测崩塌的发展趋势、危害及拟采取的防治措施。

(4) 地面塌陷的评价必须查明形成塌陷的地质环境条件，地下水动力条件，确定塌陷成因类型、分布、危害特征。分析重力和荷载作用、地震与地震作用、地下水及地表水作用、人类工程活动等对塌陷形成的影响；预测可能发生塌陷的范围、危害。

(5) 地裂缝的评价必须查明地质环境条件、地裂缝的分布、组合特征、成因类型及动态变化。对多因素产生的地裂缝，应判明控制性因素及诱发因素。评价地裂缝对工程建设的危害并提出防治措施。

除地震成因的地裂缝外，对其他诱发因素产生的地裂缝应分析过量开采地下水、地下采矿活动、人工蓄水以及不良土体地区农灌地表水入渗；松散土类分布区潜蚀、冲刷作用、地面沉降、滑坡等作用的影响。

(6) 地面沉降的评价必须查明评估区域所处区域地面沉降区的位置、沉降量、沉降速度及沉降发展趋势、形成原因（如抽吸地下水、采掘固体矿产、开采石油、天然气，抽吸卤水、构造沉降等)、沉降对建设项目的影响,以及拟采取的预防及防治措施。对评估区不均匀沉降应作为重点进行评价。

2. 二级评估

二级评估应将地质灾害对建设项目的影响或危害以及建设项目是否会诱发地质灾害进行分析或专项分析。应基本查明评估区内存在滑坡、泥石流、崩塌、地面塌陷、地裂缝、地面沉降等地质灾害的类型、分布、规模,对拟建设项目可能产生的危害及影响。预测评价工程建设可能诱发的灾害类型及危险性。对评估区内重大地质灾害应参照一级评价要求进行评价。

3. 三级评估

三级评估可以从简,对建设用地范围内是否存在地质灾害及其潜在危险性进行定性分析确定。初步查明评估区地质灾害的类型、分布;工程建设可能诱发的地质灾害的类型、规模、危害以及对评估区地质环境的影响。

六、危险性评估

(1) 危险性评估包括现状评估、预测评估和综合评估。对于受自然因素影响的地质灾害,评估时应考虑自然因素周期性的影响。地质灾害的危险性分级见表 7-4。

表 7-4 地质灾害危险性分级表

危险性分级 \ 确定要素	稳定状态	危害对象	损失情况
危险性大	差	城镇及主体建筑物	大
危险性中等	中等	有居民及主体建筑物	中
危险性小	好	无居民及主体建筑物	小

(2) 评估是指对已有地质灾害的危险性评估。任务是根据评估区地质灾害类型、规模、分布、稳定状况、危害对象进行危险性评价;对稳定性或危险性起决定作用的因素作较深入的分析,判断其性质、变化、危害对象和损失情况。

(3) 预测评估是指对工程建设可能诱发的地质灾害的危险性评估。任务是依据工程项目类型、规模、预测工程项目在建设过程中和建设后,对地质环境的改变及影响,评价是否会诱发滑坡、泥石流、崩塌、地面塌陷、地裂缝、地面沉降等地质灾害以及灾害的范围、危害。

§7.8 全国生态环境保护纲要

生态环境保护是功在当代、惠及子孙的伟大事业和宏伟工程。坚持不懈地搞好生态环境保护是保证经济社会健康发展,实现中华民族伟大复兴的需要。为全面实施可持续发展战略,落实环境保护基本国策,巩固生态建设成果,努力实现祖国秀美山川的宏伟目标,特制定本纲要。

一、当前全国生态环境保护状况

(一) 当前生态环境保护工作取得的成绩和存在的问题

全国生态环境保护取得了一定成绩。改革开放以来,党和政府高度重视环境保护工作,采取了一系列保护和改善生态环境的重大举措,加大了生态环境建设力度,使我国一些地区的生态环境得到了有效保护和改善。主要表现在:植树造林、水土保持、草原建设和国土整治等重点生态工程取得进展；长江、黄河上中游水土保持重点防治工程全面实施；重点地区天然林资源保护和退耕还林还草工程开始启动；建立了一批不同类型的自然保护区、风景名胜区和森林公园；生态农业试点示范、生态示范区建设稳步发展；环境保护法制建设逐步完善。

全国生态环境状况仍面临严峻形势。目前，一些地区生态环境恶化的趋势还没有得到有效遏制，生态环境破坏的范围在扩大，程度在加剧，危害在加重。突出表现在：长江、黄河等大江大河源头的生态环境恶化呈加速趋势，沿江沿河的重要湖泊、湿地日趋萎缩，特别是北方地区的江河断流、湖泊干涸、地下水位下降严重，加剧了洪涝灾害的危害和植被退化、土地沙化；草原地区的超载放牧、过度开垦和樵采，有林地、多林区的乱砍滥伐，致使林草植被遭到破坏，生态功能衰退，水土流失加剧；矿产资源的乱采滥挖，尤其是沿江、沿岸、沿坡的开发不当，导致崩塌、滑坡、泥石流、地面塌陷、沉降、海水倒灌等地质灾害频繁发生，全国野生动植物物种丰富区的面积不断减少，珍稀野生动植物栖息地环境恶化，珍贵药用野生植物数量锐减，生物资源总量下降；近岸海域污染严重，海洋渔业资源衰退，珊瑚礁、红树林遭到破坏，海岸侵蚀问题突出。生态环境继续恶化，将严重影响我国经济社会的可持续发展和国家生态环境安全。

（二）当前生态环境恶化的原因

资源不合理开发利用是造成生态环境恶化的主要原因。一些地区环境保护意识不强，重开发轻保护，重建设轻维护，对资源采取掠夺式、粗放型开发利用方式，超过了生态环境承载能力；一些部门和单位监管薄弱，执法不严，管理不力，致使许多生态环境破坏的现象屡禁不止，加剧了生态环境的退化。同时，长期以来对生态环境保护和建设的投入不足，也是造成生态环境恶化的重要原因。切实解决生态环境保护的矛盾与问题，是我们面临的一项长期而艰巨的任务。

二、全国生态环境保护的指导思想、基本原则与目标

（一）全国生态环境保护的指导思想和基本原则

全国生态环境保护的指导思想。高举邓小平理论伟大旗帜，以实施可持续发展战略和促进经济增长方式转变为中心，以改善生态环境质量和维护国家生态环境安全为目标，紧紧围绕重点地区、重点生态环境问题，统一规划，分类指导，分区推进，加强法治，严格监管，坚决打击人为破坏生态环境行为，动员和组织全社会力量，保护和改善自然恢复能力，巩固生态建设成果，努力遏制生态环境恶化的趋势，为实现祖国秀美山川的宏伟目标打下坚实基础。

全国生态环境保护的基本原则。坚持生态环境保护与生态环境建设并举。在加大生态环境建设力度的同时，必须坚持保护优先、预防为主、防治结合，彻底扭转一些地区边建设边破坏的被动局面。

坚持污染防治与生态环境保护并重。应充分考虑区域和流域环境污染与生态环境破坏的相互影响和作用，坚持污染防治与生态环境保护统一规划，同步实施，把城乡污染防治与生态环境保护有机结合起来，努力实现城乡环境保护一体化。

坚持统筹兼顾，综合决策，合理开发。正确处理资源开发与环境保护的关系，坚持在保护中开发，在开发中保护。经济发展必须遵循自然规律，近期与长远统一、局部与全局兼顾。进行资源开发活动必须充分考虑生态环境承载能力，绝不允许以牺牲生态环境为代价，换取眼前的和局部的经济利益。

坚持谁开发谁保护，谁破坏谁恢复，谁使用谁付费制度。要明确生态环境保护的权、责、利，充分运用法律、经济、行政和技术手段保护生态环境。

（二）全国生态环境保护的目标

全国生态环境保护目标是通过生态环境保护，遏制生态环境破坏，减轻自然灾害的危害；促进自然资源的合理、科学利用，实现自然生态系统良性循环；维护国家生态环境安全，确保国民经济和社会的可持续发展。

近期目标。到2010年，基本遏制生态环境破坏趋势。建设一批生态功能保护区，力争使长江、黄河等大江大河的源头区，长江、松花江流域和西南、西北地区的重要湖泊、湿地，西北重要的绿洲，水土保持重点预防保护区及重点监督区等重要生态功能区的生态系统和生态功能得到保护与恢复；在切实抓好现有自然保护区建设与管理的同时，抓紧建设一批新的自然保护区，使各类良好自然生态系统及重要物种得到有效保护；建立、健全生态环境保护监管体系，使生态环境保护措施得到有效执行，重点资源开发区的各类开发活动严格按规划进行，生态环境破坏恢复率有较大幅度提高；加强生态示范区和生态农业县建设，全国部分县（市、区）基本实现秀美山川、自然生态系统良性循环。

远期目标。到2030年，全面遏制生态环境恶化的趋势，使重要生态功能区、物种丰富区和重点资源开发区的生态环境得到有效保护，各大水系的一级支流源头区和国家重点保护湿地的生态环境得到改善；部分重要生态系统得到重建与恢复；全国50%的县（市、区）实现秀美山川。自然生态系统良性循环，30%以上的城市达到生态城市和园林城市标准。到2050年，力争全国生态环境得到全面改善，实现城乡环境清洁和自然生态系统良性循环，全国大部分地区实现秀美山川的宏伟目标。

三、全国生态环境保护的主要内容与要求

（一）重要生态功能区的生态环境保护

建立生态功能保护区。江河源头区、重要水源涵养区、水土保持的重点预防保护区和重点监督区、江河洪水调蓄区、防风固沙区和重要渔业水域等重要生态功能区，在保持流域、区域生态平衡，减轻自然灾害，确保国家和地区生态环境安全方面具有重要作用。对这些区域的现有植被和自然生态系统应严加保护，通过建立生态功能保护区，实施保护措施，防止生态环境的破坏和生态功能的退化。跨省域和重点流域、重点区域的重要生态功能区，建立国家级生态功能保护区；跨地（市）和县（市）的重要生态功能区，建立省级和地（市）级生态功能保护区。

对生态功能保护区采取以下保护措施：停止一切导致生态功能继续退化的开发活动和其他人为破坏活动；停止一切产生严重环境污染的工程项目建设；严格控制人口增长，区内人口已超出承载能力的应采取必要的移民措施；改变粗放生产经营方式，走生态经济型发展道路，对已经破坏的重要生态系统，要结合生态环境建设措施，认真组织重建与恢复，尽快遏制生态环境恶化趋势。

各类生态功能保护区的建立，由各级环保部门会同有关部门组成评审委员会评审，报同级政府批准。生态功能保护区的管理以地方政府为主，国家级生态功能保护区可由省级政府委派的机构管理，其中跨省域的由国家统一规划批建后，分省按属地管理；各级政府对生态功能保护区的建设应给予积极扶持；农业、林业、水利、环保、国土资源等有关部门要按照各自的职责加强对生态功能保护区管理、保护与建设的监督。

（二）重点资源开发的生态环境保护

切实加强对水、土地、森林、草原、海洋、矿产等重要自然资源的环境管理，严格资源开发利用中的生态环境保护工作。各类自然资源的开发，必须遵守相关的法律法规，依法履行生态环境影响评价手续；资源开发重点建设项目，应编报水土保持方案，否则一律不得开工建设。

水资源开发利用的生态环境保护。水资源的开发利用要全流域统筹兼顾，生产、生活和生态用水综合平衡，坚持开源与节流并重，节流优先，治污为本，科学开源，综合利用。建立缺水地区高耗水项目管制制度，逐步调整用水紧缺地区的高耗水产业，停止新上高耗水项目，确保流域生态用水。在发生江河断流、湖泊萎缩、地下水超采的流域和地区，应停上新的加重水平衡失调的蓄水、引水和灌溉工程；合理控制地下水开采，做到采补平衡；在地下水严重超采地区，划定地下水禁采区，抓紧清理不合理的抽水设施，防止出现大面积的地下漏斗和地表塌陷。继续加大二氧化硫和酸雨控制力度，合理开发利用和保护大气水资源；对于擅自围垦的湖泊和填占的河道，要限期退耕还湖还水。通过科学的监测评价和功能区划，规范排污许可证制度和排污口管理制度。严禁向水体倾倒垃圾和建筑、工业废料，进一步加大水污染特别是重点江河湖泊水污染治理力度，加快城市污水处理设施、垃圾集中处理设施建设。加大农业面源污染控制力度，鼓励畜禽粪便资源化，确保养殖废水达标排放，严格控制氮、磷严重超标地区的氮肥、磷肥施用量。

土地资源开发利用的生态环境保护。依据土地利用总体规划，实施土地用途管制制度，明确土地承包者的生态环境保护责任，加强生态用地保护，冻结征用具有重要生态功能的草地、林地、湿地。建设项目确需占用生态用地的，应严格依法报批和补偿，并实行“占一补一”的制度，确保恢复面积不少于占用面积。加强对交通、能源、水利等重大基础设施建设的生态环境保护监管，建设线路和施工场址要科学选择，尽量减少占用林地、草地和耕地，防止水土流失和土地沙化。加强非牧场草地开发利用的生态监管。大江大河上中游陡坡耕地要按照有关规划，有计划、分步骤地实行退耕还林还草，并加强对退耕地的管理，防止复耕。

森林草原资源开发利用的生态环境保护。对具有重要生态功能的林区、草原，应划为禁垦区、禁伐区或禁牧区，严格管护；已经开发利用的，要退耕退牧，育林育草，使其休养生息。实施天然林保护工程，最大限度地保护和发挥好森林的生态效益；要切实保护好各类水源林、水土保持林、防风固沙林、特种用途林等生态公益林；对毁林毁草开垦的耕地和造成的废弃地，要按照“谁批准谁负责，谁破坏谁恢复”的原则，限期退耕还林还草。加强森林、草原防火和病虫鼠害防治工作，努力减少林草资源灾害性损失；加大火烧迹地、采伐迹地的封山育林育草力度，加速林区、草原生态环境的恢复和生态功能的提高。大力发展风能、太阳能、生物质能等可再生能源技术，减少樵采对林草植被的破坏。

发展牧业要坚持以草定畜，防止超载放牧。严重超载放牧的，应核定载畜量，限期压减牲畜头数。采取保护和利用相结合的方针，严格实行草场禁牧期、禁牧区和轮牧制度，积极开发秸秆饲料，逐步推行舍饲圈养办法，加快退化草场的恢复。在干旱、半干旱地区要因地制宜调整粮食生产比重，大力实施种草养畜富民工程。在农牧交错区进行农业开发，不得造成新的草场破坏；发展绿洲农业，不得破坏天然植被。对牧区的已垦草场，应限期退耕还草，恢复植被。

生物物种资源开发利用的生态环境保护。生物物种资源的开发应在保护物种多样性和确保生物安全的前提下进行。依法禁止一切形式的捕杀、采集濒危野生动植物的活动。严厉打击濒危野生动植物的非法贸易。严格限制捕杀、采集和销售益虫、益鸟、益兽。鼓励野生动植物的驯养、繁育。加强野生生物资源开发管理，逐步划定准采区，规范采挖方式，严禁乱采滥挖；严格禁止采集和销售发菜，取缔一切发菜贸易，坚决制止在干旱、半干旱草原滥挖具有重要固沙作用的各类野生药用植物。切实搞好重要鱼类的产卵场、索饵场、越冬场、回游通道和重要水生生物及其生境的保护。加强生物安全管理，建立转基因生物活体及其产品的进出口管理制度和风险评估制度；对引进外来物种必须进行风险评估，加强进口检疫工作，防止国外有害物种进入国内。

海洋和渔业资源开发利用的生态环境保护。海洋和渔业资源开发利用必须按功能区划进行，做到统一规划，合理开发利用。切实加强海岸带的管理，严格围垦造地建港、海岸工程和旅游设施建设的审批，严格保护红树林、珊瑚礁、沿海防护林。加强重点渔场、江河出海口、海湾及其他渔业水域等重要水生资源繁育区的保护，严格渔业资源开发的生态环境保护监管。加大海洋污染防治力度，逐步建立污染物排海总量控制制度，加强对海上油气勘探开发、海洋倾废、船舶排污和港口的环境管理，逐步建立海上重大污染事故应急体系。

矿产资源开发利用的生态环境保护。严禁在生态功能保护区、自然保护区、风景名胜区、森林公园内采矿。严禁在崩塌滑坡危险区、泥石流易发区和易导致自然景观破坏的区域采石、采砂、取土。矿产资源开发利用必须严格规划管理，开发应选取有利于生态环境保护的工期、区域和方式，把开发活动对生态环境的破坏减少到最低限度。矿产资源开发必须防止次生地质灾害的发生。在沿江、沿河、沿湖、沿库、沿海地区开采矿产资源，必须落实生态环境保护措施，尽量避免和减少对生态环境的破坏。已造成破坏的，开发者必须限期恢复。已停止采矿或关闭的矿山、坑口，必须及时做好土地复垦。

旅游资源开发利用的生态环境保护。旅游资源的开发必须明确环境保护的目标与要求，确保旅游设施建设与自然景观相协调。科学确定旅游区的游客容量，合理设计旅游线路，使旅游基础设施建设与生态环境的承载能力相适应。加强自然景观、景点的保护，限制对重要自然遗迹的旅游开发，从严控制重点风景名胜区的旅游开发，严格管制索道等旅游设施的建设规模与数量，对不符合规划要求建设的设施，要限期拆除。旅游区的污水、烟尘和生活垃圾处理，必须实现达标排放和科学处置。

（三）生态良好地区的生态环境保护

生态良好地区特别是物种丰富区是生态环境保护的重点区域，要采取积极的保护措施，保证这些区域的生态系统和生态功能不被破坏。在物种丰富、具有自然生态系统代表性、典型性、未受破坏的地区，应抓紧抢建一批新的自然保护区。要把横断山区、新青藏接壤高原山地、湘黔川鄂边境山地、浙闽赣交界山地、秦巴山地、滇南西双版纳、海南岛和东北大小兴安岭、三江平原等地区列为重点，分期规划建设为各级自然保护区。对西部地区有重要保护价值的物种和生态系统分布区，特别是重要荒漠生态系统和典型荒漠野生动植物分布区，应抢建一批不同类型的自然保护区。

重视城市生态环境保护。在城镇化进程中，要切实保护好各类重要生态用地。大中城市要确保一定比例的公共绿地和生态用地，深入开展园林城市创建活动，加强城市公园、绿化带、片林、草坪的建设与保护，大力推广庭院、墙面、屋顶、桥体的绿化和美化。严禁在城区和城镇郊区随意开山填海、开发湿地，禁止随意填占溪、河、渠、塘。继续开展城镇环境综合整治，进一步加快能源结构调整和工业污染源治理，切实加强城镇建设项目和建筑工地的环境管理，积极推进环保模范城市和环境优美城镇创建工作。

加大生态示范区和生态农业县建设力度。国家鼓励和支持生态良好地区，在实施可持续发展战略中发挥示范作用。进一步加快县（市）生态示范区和生态农业县建设步伐。在有条件的地区，应努力推动地级和省级生态示范区的建设。

四、全国生态环境保护的对策与措施

（一）加强领导和协调，建立生态环境保护综合决策机制

建立和完善生态环境保护责任制。要把地方各级政府对本辖区生态环境质量负责、各部门对本行业和本系统生态环境保护负责的责任制落到实处。明确资源开发单位、法人的生态环境

保护责任。实行严格的考核、奖罚制度。对于严格履行职责，在生态环境保护中做出重大贡献的单位和个人，应给予表彰、奖励。对于失职、渎职，造成生态环境破坏的，应依照有关法律法规予以追究。要把生态环境保护和建设规划纳入各级经济和社会发展的长远规划和年度计划，保证各级政府对生态环境保护的投入。建立生态环境保护与建设的审计制度，确保投入与产出的合理性和生态效益、经济效益与社会效益的统一。

积极协调和配合，建立行之有效的生态环境保护监管体系。国务院各有关部门要各司其职，密切配合，齐心协力，共同推进全国生态环境保护工作。环保部门要做好综合协调与监督工作，计划、农业、林业、水利、国土资源和建设等部门要加强自然资源开发的规划和管理，做好生态环境保护与恢复治理工作。在国家确定生态环境重点保护与监管区域的基础上，地方各级政府要结合本地实际，确定本辖区的生态环境重点保护与监管区域，形成上下配套的生态环境保护与监管体系。西部地区各级政府和有关部门要把搞好西部地区的生态环境保护和建设放在优先位置，确保国家西部大开发战略的顺利实施。

保障生态环境保护的科技支持能力。各级政府要把生态环境保护科学研究纳入科技发展计划，鼓励科技创新，加强农村生态环境保护、生物多样性保护、生态恢复和水土保持等重点生态环境保护领域的技术开发和推广工作。在生态环境保护经费中，应确定一定比例的资金用于生态环境保护的科学研究和技术推广，推动科研成果的转化，提高生态环境保护的科技含量和水平。建立早期预警制度，加强生态环境恶化趋势的预测预报。

建立经济社会发展与生态环境保护综合决策机制。各地要抓紧编制生态功能区划，指导自然资源开发和产业合理布局，推动经济社会与生态环境保护协调、健康发展，制定重大经济技术政策、社会发展规划、经济发展计划时，应依据生态功能区划，充分考虑生态环境影响问题。自然资源的开发和植树种草、水土保持、草原建设等重大生态环境建设项目，必须开展环境影响评价。对可能造成生态环境破坏和不利影响的项目，必须做到生态环境保护和恢复措施与资源开发和建设项目同步设计，同步施工，同步检查验收。对可能造成生态环境严重破坏的，应严格评审，坚决禁止。

（二）加强法制建设，提高全民的生态环境保护意识

加强立法和执法，把生态环境保护纳入法治轨道。严格执行环境保护和资源管理的法律、法规，严厉打击破坏生态环境的犯罪行为。抓紧有关生态环境保护与建设法律法规的制定和修改工作，制定生态功能保护区生态环境保护管理条例，健全、完善地方生态环境保护法规和监管制度。

认真履行国际公约，广泛开展国际交流与合作。认真履行《生物多样性公约》、《国际湿地公约》、《联合国防治荒漠化公约》、《濒危野生动植物国际贸易公约》和《保护世界文化和自然遗产公约》等国际公约，维护国家生态环境保护的权益，承担与我国发展水平相适应的国际义务，为全球生态环境保护做出贡献。广泛开展国际交流与合作，积极引进国外的资金、技术和管理经验，推动我国生态环境保护的全面发展。

加强生态环境保护的宣传教育，不断提高全民的生态环境保护意识。深入开展环境国情、国策教育，分级开展生态环境保护培训，提高生态环境保护与经济社会发展的综合决策能力。重视生态环境保护的基础教育、专业教育，积极搞好社会公众教育。城市动物园、植物园等各类公园，要增加宣传设施，组织特色宣传教育活动，向公众普及生态环境保护知识。进一步加强新闻舆论监督，表扬先进典型，揭露违法行为，完善信访、举报和听证制度，充分调动广大人民群众和民间团体参与生态环境保护的积极性，为实现祖国秀美山川的宏伟目标而努力奋斗。

附　录

一、混凝土结构的混凝土最低强度等级表

结构种类			混凝土强度等级
素混凝土结构	垫层及填充用混凝土		C7.5
	现浇式结构		C10
	装配式结构		C15
钢筋混凝土结构	配Ⅰ级钢筋的结构		C15
	配Ⅱ级钢筋的结构		C20
	承受重复荷载的结构		C20
	叠合梁、板的叠合层		C20
	剪力墙		C20
	二、三级抗震等级的梁、柱、框架节点		C20
	一级抗震等级的梁、柱、框架节点		C30
	有侵蚀介质作用的结构	现浇式结构	C20
		装配式结构	C30
	处于露天或室内高湿度环境中的结构	非主要承重构件	C20
		主要承重构件	C25
预应力混凝土结构	配碳素钢丝、刻痕钢丝的构件		C40
	配钢绞线、热处理钢筋的构件		C40
	配其他预应力钢筋的构件		C30
基　础	刚性基础		C10
	受侵蚀介质作用的刚性基础		C15
	扩展基础		C15
	墙下筏板基础		C20
	壳体基础		C20
	桩基承台		C15
	灌注桩		C15
	水下灌注桩		C20
	预制桩		C30
	大块式基础		C15
	接受力确定的构架式基础		C20

二、常用建筑材料质量

名　称	质　量		附　注
	单　位	数　值	
杉　木	kg/m^3	400～500	
松　木	kg/m^3	500～600	$G=1.55$，$\lambda=0.15\sim0.35$
硬杂木	kg/m^3	600～700	
锯　末	kg/m^3	200～250	$\lambda=0.07\sim0.09$
木纤维板	kg/m^3	200～1 000	$\lambda=0.07\sim0.34$
刨花板	kg/m^3	300～600	$\lambda=0.14\sim0.23$
胶合三夹板	kg/m^3	1.9～2.8	
胶合五夹板	kg/m^3	3.0～3.9	
胶合七夹板	kg/m^3	5.8	
软木板	kg/m^3	250	$\lambda=0.07$
铸　铁	kg/m^3	7 250	$G=7.2\sim7.4$
钢	kg/m^3	7 850	$G=7.85$；$\lambda=58$
铜	kg/m^3	8 500～8 900	$G=8.5\sim8.9$
铝	kg/m^3	2 700	$G=2.73$
铝合金	kg/m^3	2 800	
石　棉	kg/m^3	1 000	压实，$\lambda=0.22$
石　棉	kg/m^3	400	松　散
石膏块	kg/m^3	900	
石膏粉	kg/m^3	1 300～1 450	
粘　土	kg/m^3	1 350～1 800	$\lambda=0.15\sim0.93$
砂　土	kg/m^3	1 220	干、松
砂　土	kg/m^3	1 800	湿、压实
砂　子	kg/m^3	1 400	干、细砂；$G=2.6$
砂　子	kg/m^3	1 700	干、粗砂，$G=2.6$
卵　石	kg/m^3	1 600～1 800	干
碎　石	kg/m^3	1 400～1 500	$G=2.6\sim2.7$
砂夹卵石	kg/m^3	1 500～1 700	干、松
砂夹卵石	kg/m^3	1 890～1 920	干、压紧
花岗石、大理石	kg/m^3	2 800	$G=2.6\sim3.0$
石灰石	kg/m^3	2 640	$G=2.6\sim2.8$
毛　石	kg/m^3	1 700	
普通砖	kg/m^3	1 800～1 900	$G=2.5$；$\lambda=0.81$
耐火砖	kg/m^3	1 900～2 200	$G=1.8\sim2.1$
灰砂砖	kg/m^3	1 800	
土坯砖	kg/m^3	1 200～1 500	$\lambda=0.7$
粘土空心砖	kg/m^3	1 100～1 450	$G=2.5$；$\lambda=0.47$
瓷面砖	kg/m^3	1 780	
陶瓷锦砖	kg/m^3	12	厚 5mm
粘土瓦	kg/块	3	
生石灰块	kg/m^3	1 100	$G=1.1$
生石灰粉	kg/m^3	1 200	$G=1.2$

续表

名称	质量		附注
	单位	数值	
熟石灰膏	kg/m³	1 350	
炉渣	kg/m³	700~1 000	λ=0.22~0.29
矿渣	kg/m³	1 000~1 40	λ=0.29~0.31
水渣	kg/m³	500~900	λ=0.16~0.26
水泥	kg/m³	1 250~1 450	G=3.1
水泥砂浆	kg/m³	2 000	λ=0.93
石灰砂浆、混合砂浆	kg/m³	1 700	λ=0.87
水泥蛭石砂浆	kg/m³	500~800	
膨胀珍珠岩砂浆	kg/m³	700~1 500	
纸筋石灰泥	kg/m³	1 600	
3∶7灰土	kg/m³	1 700	
素混凝土	kg/m³	2 200~2 400	G=2.7;λ=1.28~1.51
钢筋混凝土	kg/m³	2 400~2 500	λ=1.51~1.63
无砂混凝土	kg/m³	1 600~1 900	λ=0.70~0.99
沥青混凝土	kg/m³	2 000	λ=1.05
泡沫混凝土	kg/m³	400~600	λ=0.14~0.21
加气混凝土	kg/m³	550~750	λ=0.21~0.29
陶粒混凝土	kg/m³	400~1 800	λ=0.17~0.81

三、混凝土配合比经验参考数据

水泥标号	混凝土强度等级	水灰比	石子最大粒径(mm)						附注
			10		20		40		
			用水量(kg/m³)	砂率(%)	用水量(kg/m³)	砂率(%)	用水量(kg/m³)	砂率(%)	
325	C10	0.75~0.85	170~175	39~42	165~170	38~40	160~165	37~40	1. 计算过程： ①根据原材料情况与混凝土强度等级，选定水灰比、用水量、砂率； ②水泥用量＝用水量÷水灰比值； ③砂用量＝[2450－(水泥＋水)]×砂率； ④用混凝土计算密度(2450kg/m³)减去水泥、水、砂的用量就是石子的用量； 2. 表中数值控制混凝土的坍落度为2~4cm 3. 不选用减水剂时，可将表中用水量增加5%~10%； 4. 使用细砂时，表中砂率值应减少2%~4%
	C15	0.63~0.68	175~180	37~40	170~175	36~39	165~170	35~38	
	C20	0.55~0.60	180~185	36~39	175~180	35~38	170~175	34~37	
	C25	0.45~0.50	185~190	33~37	180—~185	32~36	175~180	31~35	
	C30	0.38~0.43	190~195	31~35	185~190	30~34	180~185	29~33	
425	C15	0.75~0.85	170~175	29~41	165~170	38~40	160~165	37~40	
	C20	0.60~0.70	175~180	37~40	170~175	36~39	165~170	35~38	
	C25	0.53~0.60	180~185	36~39	175~180	36~38	170~175	34~37	
	C30	0.48~0.52	185~190	34~37	180~185	33~36	175~180	32~35	
	C35	0.42~0.47	190~195	33~36	185~190	32~35	180~185	31~34	
	C40	0.38~0.41	195~200	31~35	185~195	30~34	185~190	29~33	
525	C25	0.60~0.65	175~180	37~40	170~175	36~39	165~170	35~38	
	C30	0.55~0.60	180~185	36~39	175~180	35~38	170~175	34~37	
	C35	0.50~0.56	185~190	34~38	180~185	33~37	175~180	32~35	
	C40	0.45~0.50	190~195	33~37	185~190	32~36	180~185	31~35	
	C45	0.40~0.45	195~200	32~36	190~195	31~35	185~190	30~34	

四、混凝土强度设计值、强度标准值和弹性模量

混凝土强度等级	强度设计值(N/mm^2)			强度值标准值(N/mm^2)			弹性模量(N/mm^2)
	轴心抗压	弯曲抗压	抗拉	轴心抗压	弯曲抗压	抗拉	
	f_c	f_{cm}	f_t	f_{ck}	f_{cmk}	f_{tk}	
C7.5	3.7	4.1	0.55	5	5.5	0.75	1.45×10^4
C10	5	5.5	0.65	6.7	7.5	0.9	1.75×10^4
C15	7.5	8.5	0.90	10	11	1.2	2.20×10^4
C20	10	11	1.1	13.5	15	1.5	2.55×10^4
C25	12.5	13.5	1.3	17	18.5	1.75	2.80×10^4
C30	15	16.5	1.5	20	22	2	3.00×10^4
C35	17.5	19	1.65	23.5	26	2.25	3.15×10^4
C40	19.5	21.5	1.8	27	29.5	2.45	3.25×10^4
C45	21.5	23.5	1.9	29.5	32.5	2.6	3.35×10^4
C50	23.5	26	2	32	35	2.75	3.45×10^4
C55	25	27.5	2.1	34	37.5	2.85	3.55×10^4
C60	26.5	29	2.2	36	39.5	2.95	3.60×10^4

注:计算现浇钢筋混凝土轴心受压及偏心受压构件时,如截面的长边或直径小于300mm,则表中的强度设计值应乘以系数0.8。当构件质量(如混凝土成型、截面和轴线尺寸等)确有保证时,可不受此限。

参考文献

曹凤中等.环境与可持续发展.北京:中国科学技术出版社.1999

陈仲颐,叶书麟.基础工程学.北京:中国建筑工业出版社.1993

《地基处理手册》编委会.地基处理手册.北京:中国建筑工业出版社.1988

《地基处理手册》编写委员会.地基处理手册.北京:中国建筑工业出版社.1993

杜嘉鸿等.地下建筑注浆工程简明手册.北京:科学出版社.1992

杜祥麟等.潜孔锤钻进技术.北京:地质出版社.1988

段永侯.中国分省地质灾害图集.北京:中国地图出版社.1996

龚晓南.深基坑工程设计施工手册.北京:中国建筑工业出版社.1998

国家技术监督局、中华人民共和国建设部联合发布.岩土工程勘察规范(GB50021－94).北京:中国建筑工业出版社.1995

胡茂焱.抓住建筑业发展的有利时期.促进工程勘察施工业稳步发展.中国地质矿产报.1995

蒋承崧.地质矿产行政管理.北京:地质出版社.1998

李国豪等.中国大百科全书.土木工程.北京:中国大百科全书出版社.1987

李世京等编.钻孔灌注桩施工技术.北京:地质出版社.1990

李世忠.钻探工艺学(下).北京:地质出版社.1989

李元,鹿心社.国土资源与经济布局.北京:地质出版社.1999

林崇德等.中国少年儿童百科全书(自然·环境).杭州:浙江教育出版社.1990

林宗元.国外岩土实例和实录选编.沈阳:辽宁科学技术出版社.1992

林宗元.岩土工程监理手册.沈阳:辽宁科学技术出版社.1996

林宗元.岩土工程治理手册.沈阳:辽宁科学技术出版社.1993

刘建航,侯学渊.基坑工程手册.北京:中国建筑工业出版社.1997

刘金砺等.桩基工程设计与施工技术.北京:中国建材工业出版社.1994

刘传正.环境工程地质学导论.北京:地质出版社.1995

石宝珩等.能源资源与可持续发展.北京:中国科学技术出版社.1999

孙福,魏道垛.岩土工程勘察设计与施工.北京:地质出版社.1998

王达,胡茂焱.工程建设工作实用手册.北京:地质出版社.1998

王达等.地基与基础工程施工技术现状与发展.探矿工程.1999(增刊)

熊厚金.国际岩土锚固与灌浆新进展.北京:中国建筑工业出版社.1996

冶金工业部建筑研究总院主编.地基处理技术(4).北京:冶金工业出版社.1989

(原)地矿部科学技术司编.探矿工程科技进步100例.北京:地震出版社.1998

张宏儒.二十世纪中国大事全书.北京:北京出版社.1993

张业成等.减轻地质灾害与可持续发展.北京:中国科学技术出版社.1999

中国建筑工业出版社编.现行建筑施工规范大全.北京:中国建筑工业出版社.1994

中华人民共和国国家标准,工程结构设计基本术语和通用符号(GBJ132－90).北京:中国计划出版社.1991

周国均,牛青山编译.灌注桩设计施工手册.北京:地震出版社.1993

周国荣等.刘广志探矿(钻掘)工程文选.北京:中国物价出版社.2000

周庆固.工程钻探技术及施工方法实例.北京:地质出版社.1987

周永康.资源与环境知识读本.北京:地质出版社.2000